“陆地生态系统修复

URBAN VEGETATION CONSTRUCTION FOR CARBON SEQUESTRATION

碳汇植物景观营建

董　丽　车生泉　范舒欣 ◎ 主编

中国林业出版社
China Forestry Publishing House

内容简介

本教材聚焦城市绿地植被的增汇减排功能，系统梳理了城市绿地植物景观营建过程中与碳汇服务提升相关的理论知识与技术方法。全书共8章：第1~3章分别介绍了气候变化背景下城市绿地植被在低碳城市建设中的重要作用，绿地植物固碳增汇的基本原理，城市绿地植被的直接固碳增汇效益及其通过调节城市热环境、降低污染、保持水土、调节雨洪等方面的间接减排效益；第4~7章从全生命周期的视角围绕碳汇植物景观规划设计、低碳建植施工、低碳养护管理全流程，详述其中的关键原理与技术策略，并梳理了不同研究尺度的常用绿地植被碳汇计量方法；第8章精选国内外代表性案例，剖析其植物景观营建成功经验与实施要点。本教材内容紧密结合理论与实践，从行业背景、科学原理、技术方法、实践应用多维度，帮助读者全面了解碳汇植物景观营建的理论知识与关键技术。

图书在版编目（CIP）数据

碳汇植物景观营建 / 董丽，车生泉，范舒欣主编. 北京 : 中国林业出版社，2025. 3. --（“陆地生态系统修复与固碳技术”教材体系）. -- ISBN 978-7-5219-3026-9

Ⅰ. TU986.2

中国国家版本馆CIP数据核字第2025FE1883号

策划编辑：康红梅
责任编辑：康红梅
责任校对：苏 梅
封面设计：北京反卷艺术设计有限公司

出版发行 中国林业出版社
（100009，北京市西城区刘海胡同7号，电话 010-83223120，83143551）
电子邮箱 jiaocaipublic@163.com
网 址 https://www.cfph.net
印 刷 北京印刷集团有限责任公司
版 次 2025年3月第1版
印 次 2025年3月第1次印刷
开 本 787mm×1092mm 1/16
印 张 8.25
字 数 196千字
定 价 59.00元

数字资源

《碳汇植物景观营建》编写人员

主　　编　董　丽（北京林业大学）

车生泉（上海交通大学）

范舒欣（北京林业大学）

副 主 编　邵　锋（浙江农林大学）

王美仙（北京林业大学）

李冠衡（北京林业大学）

参编人员　（按照姓氏拼音排序）

陈　丹（上海交通大学）

康　宁（清华大学）

李　慧（北京林业大学）

圣倩倩（南京林业大学）

王　非（东北林业大学）

王彦杰（南京农业大学）

肖湘东（苏州大学）

邢小艺（华中农业大学）

徐　昉（北京林业大学）

晏　海（浙江农林大学）

尹德洁（山东建筑大学）

俞青青（中国美术学院）

张　洁（山东建筑大学）

主　　审　李　雄（北京林业大学）

李树华（清华大学）

高　翅（华中农业大学）

前　言

由人类活动直接或间接地改变全球大气组成所导致的气候变化正随着快速的城市化和工业化进程而日益加剧，并给人类社会的可持续发展带来了严峻挑战。导致气候变化的温室气体种类有很多，其中尤以二氧化碳占比最大。为应对气候变化，推动绿色发展方式转型，习近平主席在第七十五届联合国大会一般性辩论上郑重提出了中国力争于2030年前实现碳达峰，2060年前实现碳中和的“双碳”战略目标。自此，我国将落实“双碳”目标纳入生态文明建设和经济社会发展的整体布局。

城市是碳排放的主体。除尽可能减少各种生产、生活的碳排放外，科学营建城市生态系统中的绿色植被，吸收大气中的二氧化碳并将其固定在植被和土壤中，是助力“碳中和”的重要手段。城市绿地植被的碳汇能力体现在其不仅可以通过植物光合固碳直接增汇，还可通过缓解城市热岛效应、影响居民出行方式等降低建筑与交通的能耗而实现间接减排。但这一切都必须依赖于对绿地植物景观全生命周期科学地规划设计、建设与管理。

为此，我们编写了教材《碳汇植物景观营建》，在综合考虑城市绿地植物景观的生态调节、生物多样性支持以及文化游憩等功能的基础上，从“增汇减排”的视角梳理了城市绿地植物景观营建全生命周期的理论知识体系，并尽力将当前国内外植物景观营建过程中涉及的相关前沿科学研究和行业实践成果纳入。教材旨在激发学生建立起“可持续、多功能的全生命周期城市绿地植物景观营建”的理念，助力培养深入践行习近平生态文明思想、建设城乡人居环境和美丽中国的高水平人才。

教材共分为8章。第1章阐述城市绿地植被碳汇与气候变化的关系及其在低碳城市建设中的重要作用；第2、3章重点介绍植物固碳增汇的基本原理及城市绿地植被的碳增汇与间接减排效应；第4~6章介绍以促进增汇减排为目标的植物景观规划设计、低碳建植和低碳养护管理理论知识；第7章介绍绿地植被碳汇的科学计量方法，供学生拓展学习；第8章列举了部分国内外优秀项目中的碳汇植物景观营建实践案例，以便学生理解和掌握相关理论知识与设计原则在实际项目中的应用。

诚挚感谢北京林业大学李雄教授、清华大学李树华教授、华中农业大学高翅教授为教材内容审稿并提出宝贵意见；感谢北京林业大学教务处、园林学院以及中国林业出版社相关领导和专家的支持；感谢所有帮助收集资料或以各种形式为本书出版作出贡献的研究生。

书中部分插图引自同行文章、书籍或网站，限于篇幅未能一一标注，以参考文献形式列于书后，谨致谢忱。

由于编者认识所限，书中疏漏和不妥之处，恳请广大读者批评指正。

编 者

2024年6月

目录

第3章 城市绿地植被增汇减排效益 / 18

第4章 碳汇植物景观规划设计 / 30

第1章 绪论

本章提要

工业革命以来，大量温室气体排放导致全球气候变暖。气候变化危机已严重威胁全球生态安全与人类健康福祉。适应与应对气候变化，成为亟待全球共同面对和解决的重大课题。城市聚集全球一半以上人口，是碳排放的主要源头和气候灾害的重点影响区域。本章在介绍全球气候变化成因与影响的基础上，梳理全球气候治理进程与中国应对气候变化行动，同时介绍低碳城市建设的发展历程与内涵，探讨城市绿地碳库在城市绿色低碳发展转型中的重要作用。

工业革命以来，高强度的人类活动、高能耗的建筑与密集的交通等，持续不断地向大气中排放温室气体，加速了全球气候变暖进程。作为人类活动高度聚集的空间载体，城市既是碳排放的主要源头，同样也是遭受气候灾害威胁最直接且严重的受害区域。在这样的背景下，全球范围已形成加强气候治理的广泛共识。提高城市生态碳汇、减少城市碳排放，推进低碳城市建设，被认可为适应与应对全球气候变化的一项重要手段。

在低碳城市的建设中，绿地不再仅承担单纯的装饰或休憩功能，而是不可或缺的生态基础设施。绿地通过提供诸多重要的生态服务功能，助力城市增汇减排，在城市碳中和目标的实现进程中发挥着不可替代的重要作用。

1.1 全球气候变化背景

近百年来，地球正在经历着以全球变暖为显著特征的气候变化（climate change）。2023年3月20日，联合国政府间气候变化专门委员会（IPCC）发布的第六次综合评估报告《气候变化2023》（IPCC，2023）指出：2011—2020年，全球地表平均温度较工业化前水平（1850—1900年平均值）高出1.09℃，过去8年是自1850年有完整观测气象记录以来的最暖年份，全球长期变暖仍在继续。2022年，西欧、中亚和东亚部分地区年平均气温达到历史新高，全球大气主要温室气体浓度、海洋热含量和海平面等气候变化核心指标均创下新纪录，南极海冰范围和欧洲阿尔卑斯山冰川物质平衡量也创下有观测记录以来的最低水平，高温热浪、暴雨洪涝、强台风、干旱和寒潮等极端天气事件导致全球数百万人受灾，造成数十亿美元经济损失。全球各个地区都正在经历前所未有的气候系统变化，严重影响自然生态环境和社会经济发展，危及人类福祉和地球健康。

我国是全球气候变化的敏感区和受影响显著区。根据《中国气候变化蓝皮书（2023）》（中国气象局气候变化中心，2023），20世纪中叶以来，中国区域升温速率高于同期全球平均水平。2022年夏季的全国平均气温为20世纪初以来最高值，平均降水量为1961年以来同期第二少，中东部地区出现大范围持续性高温天气，长江中下游及川渝等地遭遇严重夏秋连旱极端高温事件发生频次为1961年以来最多。2022年9月台风"梅花"先后登陆浙江、上海、山东和辽宁，强度大、影响范围广，并打破自1949年以来秋季登陆我国台风的最北位置记录。可见气候变化已对我国国家粮食安全、人群健康、水资源、生态环境、能源、重大工程建设、社会经济发展等诸多领域构成严峻挑战，气候风险水平持续趋高。

1.1.1 气候变化的成因和影响

1.1.1.1 气候变化的成因

在地球漫长的运动历史中，地球上的气候总在不断变化。自然的内部进程，外部强迫及人为因素都可能是引起地球气候变化的原因。会引起气候变化的自然因素主要有太阳辐射、地球轨道、火山活动、大气与海洋环流的变化等，但造成目前以全球变暖为主要特征的气候变化的主要成因，则是城市化、工业化、能源利用、土地利用变化和森林砍伐等人类行为所产生的温室气体排放。可以说，人类活动是过去200年来全球变暖的最主要原因，造成全球变暖的速度比过去2000年的任何阶段都要快。因此，《联合国气候变化框架公约》（联合国气候变化框架公约政府间谈判委员会，1994）中将"气候变化"定义为："除在类似时期内所观测的气候的自然变异之外，由于直接或间接的人类活动改变了地球大气的组成而造成的气候变化。"

温室气体是大气层中自然存在和人类活动产生的，能够吸收和重新辐射由地球表面、大气层和云层所产生的、波长在红外光谱内辐射的气态成分，主要包括二氧化碳（CO_2）、甲烷（CH_4）、氮氧化物（NO_x）等（《工业企业温室气体排放核算和报告通则》，2015）。事实上，自然界也会产生温室气体，这些温室气体通过吸收和重新辐射地球的表面辐射，捕获部分太阳热量，从而使地球保持相对较暖的温度。这原本是一个自然现象，为地球生物提供了适宜的温度条件。但经历了150多年的人类社会工业化、砍伐森林和大规模的农业生产之后，人类活动的排放使得大气中温室气体的含量已增长到了一个300万年来前所未有的水平。高浓度温室气体加剧了温室效应，导致地球表面温度不断升高。

1.1.1.2 气候变化的影响与危害

气候变化对地球和人类社会的影响和危害十分广泛。包括但不限于以下几个主要方面：

（1）极端天气事件频发

全球气温上升导致热浪、干旱、洪涝、飓风和暴雨等极端天气事件的发生频率增加、强度增大。2022年，东非的持续干旱、巴基斯坦的破纪录降雨以及中国和欧洲的破纪录热浪等影响了数千万人，造成了数十亿美元的社会经济损失。一般在较少人类活动影响的情况下，热浪平均每10年才会出现一次。但当平均气温升高1.5℃、2℃和4℃时，高温热浪出现的频率将可能分别增加4.1倍、5.6倍和9.4倍，强度可能分别增加1.9℃、2.6℃和5.1℃（IPCC，2023）。

（2）冰川融化与海平面上升

全球气温上升还将引发永久冻土融化。1993—2019年间全球冰川损失了超过6000Gt的冰量，相当于日内瓦湖（西欧最大的湖）大小的75个湖泊的总水量（IPCC，2023）。同时，随着冰川融化和海洋水温升高，全球平均海平面逐年上升，可能引发海岸侵蚀、洪水等灾害，威胁沿海地区居民和岛屿国家安全。

（3）生物多样性丧失

全球升温及其带来的相关变化对生物多样性的影响是全方位的。气候变化不仅会影响植物种类的丰富度、分布格局、物候和光合作用等，也会增加外来物种入侵、本地物种灭绝的风险；影响鸟类、爬行与两栖类等动物的产卵、孵化与迁徙，加剧某些物种的灭绝风险。同时，由于各个物种对温度的敏感性不同，生物间长期进化形成的种间关系可能会出现系统性的紊乱，进而对整个生态系统造成严重影响。最终，在气候持续变暖和突发极端天气频发的大背景下，栖息地减少、食物链中断和环境不稳定等情况将导致生物多样性丧失。

（4）农业和粮食安全危机

全球变暖、降水模式改变，以及干旱、洪涝等极端气候事件增多，直接影响全球作物产量。在高纬度地区，气温升高在某种程度上提高了农业生产力；但在低纬度地区，玉米、小麦、大麦等主粮的产量呈现持续下降的趋势。粮食供应不稳定，将极大地增加人类饥饿和营养不良的风险，并造成粮食价格不断上涨。除了数量和价格，气候变化还会影响作物的营养价值，意味着人类可能需要吃更多的粮食才能获取同样的营养。这些因素都让粮食安全形势变得更加严峻。

（5）水资源短缺

从降雨模式改变到不可预测的冰盖融化、海平面上升、洪水和干旱等，气候变化以复杂的方式影响着地球水资源的分布，加剧水资源紧缺问题。根据联合国《可持续发展目标报告2022》（联合国，2022），全世界约一半以上人口每年都会在一定程度上面临严重缺水的问题。不仅如此，气候变化导致的更高水温和更频繁的洪水和干旱也将加剧许多形式的水质污染，这对人类生活、农业灌溉和工业用水等都将带来极大挑战。

（6）公共健康问题

全球气候变化通过一系列复杂的过程直接或间接地影响人类健康，增加死亡风险，加剧非传染性疾病、传染病的发生和传播，以及突发卫生事件的风险。目前，全球已有36亿人生活在气候脆弱性较高的地区。由于气候变化引起的气候敏感传染病、慢性非传染性疾病与精神心理健康等的威胁正在明显增加，且预计未来公共健康风险还会随着全球变暖进一步加剧。

事实上，气候变化对地球和人类社会造成的诸多危害还不仅限于这些。人类如不及时采取行动，未来适应这些影响与危害会变得更加困难，治理成本也将会更加高昂。

1.1.2 全球气候治理与中国应对气候变化行动

1.1.2.1 全球气候治理

应对气候变化是人类的共同挑战。国际社会认识到气候变化的威胁与挑战，并积极采取应对措施最早可追溯至1972年联合国人类环境会议。当时的会议成果文件《人类环境行动计划》指出，“建议各国政府注意那些具有气候风险的活动”。1979年2月，第一次世界气候大会在瑞士日内瓦召开。1987年，世界环境与发展委员会发布《我们共同的未来》明确提出，气候变化是国际社会面临的重大挑战，呼吁国际社会采取共同的应对行动。1988年11月，世界气象组织和联合国环境规划署联合成立政府间气候变化专门委员会（IPCC）。1990年12月21日，第四十五届联合国大会通过决议，决定设立政府间谈判委员会（INC）；1992年5月，《联合国气候变化框架公约》（下文简称《公约》）在联合国纽约总部通过，并于6月4日在巴西里约热内卢由154个国家和地区共同签署。随着《公约》在1994年3月21日正式生效，国际气候谈判和全球气候治理的序幕由此正式拉开。可以说，针对气候变化的全球气候治理是随着《公约》的发展而逐渐成形的。此后，1997年达成的《京都议定书》和2015年达成的《巴黎协定》是在《公约》框架下全球气候治理的两大标志性成果，在全球气候治理历史上具有里程碑式的意义。

气候治理是全球性问题，需要通过国际合作使每个国家切实采取行动参与其中。明确每个国家的责任和义务，进而制定各自的减排目标和细则，是国际合作的首要前提。2021年4月的领导人气候峰会上，美国承诺2030年比2005年减少50%~52%，到2050年实现净零排放；加拿大承诺2030年比2005年减少40%~45%；日本承诺2030年比2013年减少46%；英国承诺2035年比1990年减少78%；巴西承诺在2050年前实现碳中和，38个国家就碳排放量的问题做出承诺。我国在2020年9月联合国大会上也做出了“二氧化碳排放力争于2030年前达到峰值，努力争取2060年前实现碳中和”的中国承诺。总体上，全球气候治理进程受到世界或国内经济、政治、能源、环境，甚至突发的人类健康问题等多重因素的影响。各国在全球气候谈判中需要综合多种因素不断调整本国气候政策，竞争与合作贯穿始终。

30多年来，全球气候治理围绕实现碳中和的长期减排目标，取得了许多积极进展，绿色低碳技术和产业也得到了发展。但值得注意的是，无论气候谈判如何划分减排责任，各国减排目标之和依旧无法达到控制升温在1.5℃以内的目标。全球减排任务仍然艰巨。未来全球气候治理应就实现1.5℃以内升温控制的最终目标，统一全球之力，将规则落实到行动。

1.1.2.2 中国应对气候变化行动

我国高度重视应对气候变化工作。2007年，我国在发展中国家中率先发布《中国应对气候变化国家方案》。自2011年起，我国每年发布应对气候变化的政策与行动年度报告。党的十八大以来，在习近平生态文明思想指引下，我国贯彻新发展理念，将应对气候变化摆在国家治理更加突出的位置，不断提高碳排放强度削减幅度，强化自主贡献目标，以最大努力提高应对气候变化力度，推动经济社会发展全面绿色转型，建设人与自然和谐共生的现代化社会。2020年9月，第七十五届联合国大会一般性辩论上，习近平主席郑重宣布了我国力争2030年前实现碳达峰、2060年前实现碳中和的“双碳”战略目标。这意味着中国要用30年左右的时间由碳达峰实现碳中和，实现全球最大的碳排放强度降幅。

作为世界上最大的发展中国家，中国克服自身经济、社会等方面困难，坚定走绿色低碳发展道路，积极实施减污降碳协同治理，加大重点领域温室气体排放控制力度，推动城乡建设和建筑领域绿色低碳发展，构建绿色低碳交通体系，持续提升生态碳汇能力等一系列应对气候变化的国家战略、措施和行动。2020年中国碳排放强度比2005年下降48.4%，超额完成了中国向国际社会承诺的到2020年下降40%~45%的目标，成效显著（中华人民共和国国务院新闻办公室，2021）。全社会的绿色低碳意识也在不断提升，各行各业都在积极探索低碳发展新模式。

此外，中国还积极推动共建公平合理、合作共赢的全球气候治理体系。通过开展应对气候变化南南合作，推进共建绿色“一带一路”，向发展中国家提供力所能及的支持和帮助，帮助其实现减排目标。自2016年起，中国还在发展中国家启动10个低碳示范区、100个减缓和适应气候变化项目、1000个应对气候变化培训名额的合作项目，实施了200多个应对气候变化的援外项目（新华社，2023）。作为最大的发展中国家，中国秉持人类命运共同体理念，在推动全球气候治理和可持续发展上积极贡献智慧和力量，展现大国责任与担当。

1.2 低碳城市建设与城市绿地碳库

1.2.1 低碳城市建设

要按时实现碳达峰、碳中和的国家战略目标，必须做到有效减排、增汇，其首要任务是确定碳排放的重点地区。大量针对碳排放空间分布的研究表明，城市的碳排放量十分突出。城市作为人类社会经济活动的聚集地，一方面，大规模的生产生活、城市建筑、交通、工业生产等能源消耗，使全球范围内城市区域排放的CO_2占到排放总量的75%（IPCC，2014）；另一方面，联合国人居署（UN-Habitat）最新数据显示，全球超过一半人口居住在城市，预计到2050年，城市人口比例将高达68%（联合国人居署，2022）。如此高密度的聚集极大提高了气候灾害的暴露风险。因此，城市发展的低碳化在全球的碳减排中具有重要意义。

低碳城市的概念最早于20世纪90年代提出。随着全球气候变化加剧和可持续发展呼声日益高涨，低碳城市的概念逐渐受到关注并得到广泛采纳。伦敦、东京、哥本哈根、阿姆斯特丹、温哥华等很多国际大都市都在如火如荼地开展低碳城市建设。在我国，低碳城市首次出现是2008年国家住房和城乡建设部与世界自然基金会（WWF）联合推出上海和保定（中国电谷）两市作为试点。2010年7月，国家发展改革委发布《关于开展低碳省区和低碳城市试点工作的通知》，正式将低碳发展引入我国城市建设发展范畴，确立了包括广东、辽宁、云南、天津、重庆、深圳等5省8市的首批低碳城市试点。根据《应对气候变化报告2021：碳达峰碳中和专辑》气候变化绿皮书（中国政府网，2021），2010年以来我国大部分城市绿色低碳发展水平有了实质性提高，低碳试点城市的整体低碳水平明显高于非试点城市。如今，低碳城市试点工作已经在全国全面铺开。

低碳城市建设强调以绿色低碳的理念重新塑造城市，用低碳的思维和技术来改造城市的生产和生活，实施绿色交通和建筑，转变居民消费观念，创新低碳技术，从而最大程度地减少温室气体的排放，实现城市的低碳排放，甚至是零碳排放，最终实现城市可持续发展的目标。一方面，低碳城市以控制城市碳排放为突破口，通过发展城市绿色产业与绿色能源，推进城市工业、建筑、交通等重点领域节能减排，培育城市居民绿色低碳消费方式等多种途径，减少城市能源消耗和相应的碳排放；另一方面，强化城市绿地、湿地的建设和保护，挖掘城市蓝绿生态空间的碳汇潜力，建立“绿色折抵”机制，也是低碳城市的重要建设内容之一。

1.2.2 城市绿地碳库

尽管减少碳排放是实现碳中和的重要手段，但单纯依靠减排很难完全达到目标。一方面，许多经济活动和工业过程在减排时可能会受到技术、经济等因素的限制；另一方面，全球已经累积了大量的温室气体排放，仅依靠减排无法解决既有的排放问题。因此，最大程度地巩固和提升生态系统碳汇是平衡新旧碳排放，助力碳中和目标实现的另一重要途径。

生态系统碳汇指生态系统将大气中的二氧化碳吸收并固定在植被、土壤等介质中，从而减少大气中的二氧化碳浓度的过程和活动。自然生态系统中，森林是陆地生态系统中最重要的碳库。城市生态系统则主要依靠城市绿地系统发挥增汇和减排功能。一方面，城市绿地通过植物固碳释氧直接增汇；另一方面，城市绿地通过缓解热岛效应、影响居民出行方式等降低建筑与交通能耗间接减排。但与自然森林相比，城市绿地的面积规模较小、分布分散不均、建设管理需求更多，这使得城市绿地无论是减排还是增汇的机制都更为复杂。首先，城市绿地种植植物并不能立竿见影地实现碳汇功能，而是需要一定时间。这是因为城市绿地在人工营建时，各种施工措施往往会产生碳排放，称为碳债（carbon debt）（Fargione，2008）。绿地植被在其生长过程中不断固碳减排，直到偿还完最初种植时造成的碳债，并且固碳量能够抵消其日常养护管理措施产生的碳排放后才真正有了碳汇正收益。其次，城市绿地由人工营建，需要兼顾减缓热岛效应、净化环境污染、保持城市水土、生物多样性保护以及城市居民游憩娱乐、环境美化、文化教育、防灾避险等多重功能，而并非单纯追求高固碳效果，这使得城市绿地的增汇减排效能实际需要更加复杂的权衡与协同。

截至2022年，我国已建成城市绿地面积为358.6万hm^2（冯华 等，2023）。在“双碳”战略目标背景下，城市绿地的碳库价值不容忽视。发展城市生态空间的增汇减排技术，加强城市绿地建设管理，提升城市绿地碳汇减排效能，对于建设绿色低碳城市，提高城市碳中和效能，助力“双碳”战略目标早日实现具有极为重要的意义。

思考题

1. 标志人类开启全球气候治理进程的重大国际事件是什么，发生在哪一年？
2. 我国的“双碳”国家战略目标指什么？
3. 城市绿地的碳库价值体现在哪些方面？请举例说明。

拓展阅读

城市生态系统碳汇. 石铁矛，汤煜，李沛颖. 中国建筑工业出版社，2022.

第2章 植物固碳增汇的基本原理

本章提要

植物具有固碳增汇的重要作用，是天然的碳库。植物通过光合作用将大气中的二氧化碳转化为糖、氧气和有机物固定在体内或土壤中，从而减少大气中二氧化碳的浓度。同时，植物体内的一部分碳元素通过植物呼吸作用转化为二氧化碳再次释放至大气；还有一部分碳元素通过凋落物、根系分泌物等进入土壤被固定在土壤中，并且也会经过微生物的分解作用，部分再次以二氧化碳的形式回到大气。碳元素从大气进入植物体内后，部分进入地表和土壤，然后又部分回到大气的这一循环过程，反映了植物具有碳汇和碳源的双重功能。本章主要从植物的碳代谢、碳储存以及植物—土壤间的碳传递3个方面来详细阐述植物固碳增汇的基本原理。

植物和土壤是陆地生态系统的重要组成部分，是陆地固碳增汇的主要途径。植物通过光合作用实现固碳，但经过呼吸作用等也会产生二氧化碳释放回大气中；土壤也会吸收并固定植物根系和凋落物中的碳元素，但同时也会因为微生物分解等作用而产生二氧化碳，植物与土壤这一过程都涉及碳源和碳汇的变化。因此，掌握植物与土壤的固碳增汇原理，才能真正从源头上理解固碳增汇的意义，进而真正理解保护环境、保护陆地碳库即植被碳库和土壤碳库的重要性。

2.1 植物碳代谢原理

植物的碳代谢是指植物在光合作用下将无机物二氧化碳同化为有机物碳水化合物，以及在呼吸、光呼吸作用中将有机碳异化为二氧化碳的一系列生理生化过程的统称。

植物的碳代谢包括光合作用固碳和呼吸作用排碳两个基本过程，这两个过程共同决定了植物对大气中二氧化碳的净吸收能力。光合作用将二氧化碳固定于植物体内，呼吸作用将部分二氧化碳释放到大气中。若排放量大于吸收量则整体处于净排放状态，若吸收量大于排放量则整体处于净吸收状态。

2.1.1 植物光合固碳过程

植物光合作用是地球上规模最大的碳同化反应过程，是将二氧化碳和水转化为植物自身需要的有机物并释放出氧气、固定二氧化碳的过程，植物对二氧化碳的吸收是植物生态系统中物质和能量循环的基础，也是决定植物生态系统碳汇能力的重要生理过程，对于地球上的碳氧循环及碳氧平衡具有重要的作用。光合作用释放氧气固定二氧化碳的这一过程，可以有效提升空气中的氧含量，保持空气的洁净清新。

光合作用发生于植物的叶绿体中，包括原初反应、电子传递和光合磷酸化以及碳同化等反应过程，主要分为两个阶段。第一个阶段为光反应：原初反应、电子传递和光合磷酸化过程需要光，所以统称为光反应，光反应产生氧分子、高能化合物三磷酸腺苷（ATP）和还原型辅酶Ⅱ（NADPH），同时水分子被分解，释放出氧气；第二个阶段为暗反应，即固定二氧化碳的卡尔文循环阶段，利用在光反应阶段中产生的ATP和NADPH还原二氧化碳形成碳水化合物。暗反应阶段主要是基于光反应所产生的高能化合物ATP为能量，以NADPH为还原力，通过各种酶的氧化还原反应，将空气中的二氧化碳固定，形成储存在生物体内的碳水化合物。

光合作用涉及光吸收、电子传递、光合磷酸化、碳同化等反应步骤。根据植物光合作用对二氧化碳固定途径的差异，可分为三磷酸甘油醛（C_3）固定、苹果酸（C_4）固定和景天酸（CAM）固定。自然界多数植物为C_3固碳途径，又称卡尔文循环。C_4和CAM固碳方式由C_3固碳途径转化而来，但C_4固定途径在酶活性和植物器官结构方面更具优势，使得C_4植物在高温、强光和干旱环境下也具有更高的光合速率。三种固碳途径在植物体内并不是单一存在，受环境变化的影响，植物体内的固碳途径会发生变化，如C_4和C_3固碳途径可以互相转化、C_3途径可转变为CAM途径等。

2.1.2 植物呼吸排碳过程

植物呼吸作用是指植物细胞内的有机物在氧气参与下进行分解，产生水和二氧化碳的过程，同时释放一定的能量。呼吸作用的实质过程就是有机物的分解以及二氧化碳和能量释放的过程。一般情况下，可以将呼吸作用的过程用公式归纳为：

有机物（储能）+氧→水+二氧化碳+能量

植物的呼吸代谢途径主要包括糖酵解途径（又称EMP途径）、三羧酸循环（TCA循环，也叫Krebs循环、柠檬酸循环）、戊糖磷酸途径和氧化磷酸化。糖类（蔗糖、磷酸丙糖、果聚糖及其他）、脂类（主要是三酰甘油）、有机酸、蛋白质等呼吸底物在不同位置进入不同的途径进行呼吸代谢。呼吸代谢过程可以分为3个阶段：第一个阶段称为糖酵解，一个分子的葡萄糖分解成两个分子的丙酮酸，在分解的过程中产生少量的氢，同时释放出少量的能量。第二个阶段称为三羧酸循环或柠檬酸循环，丙酮酸经过一系列的反应，分解成二氧化碳和氢，同时释放出少量的能量。第三个阶段为呼吸电子传递链，即前两个阶段产生的氢，经过一系列的反应，与氧结合形成水，同时释放出大量的能量。这个阶段是在线粒体内膜中进行的。

植物呼吸作用实际上是植物的二氧化碳排放过程，其生理意义在于可为植物提供获取营养及生产和维持生物量所需要的能量。①为植物生命活动提供能量：呼吸过程中释放的能量一部分以热的形式散失，另一部分以ATP、NADPH等形式储存，当ATP等分解时，释放出来的能量供植物生命活动。②为重要有机物质提供合成原料：呼吸过程中产生的一系列中间产物，如丙酮酸、α-酮戊二酸、苹果酸等是进一步合成植物体内各种重要化合物（核酸、氨基酸、蛋白质、脂肪、有机酸等）的原料。③为代谢活动提供还原力：呼吸过程中形成的NADH、NADPH、泛醌醇（UQH_2）等可为一些还原过程提供还原力。④增强植物抗病免疫能力：植物受伤或受到病菌侵染时，呼吸速率升高，加速木质化或木栓化，促进伤口愈合，以减少病菌的侵染，还可促进具有杀菌作用的绿原酸、咖啡酸等物质的合成，进一步增强植物的免疫力。

2.2 碳储存原理

碳储存是将碳储存于碳库中的过程。地球上的碳库主要有大气碳库、海洋碳库、陆地生态系统碳库。其中，陆地生态系统碳库主要包括植被碳库和土壤碳库（图2-1）。

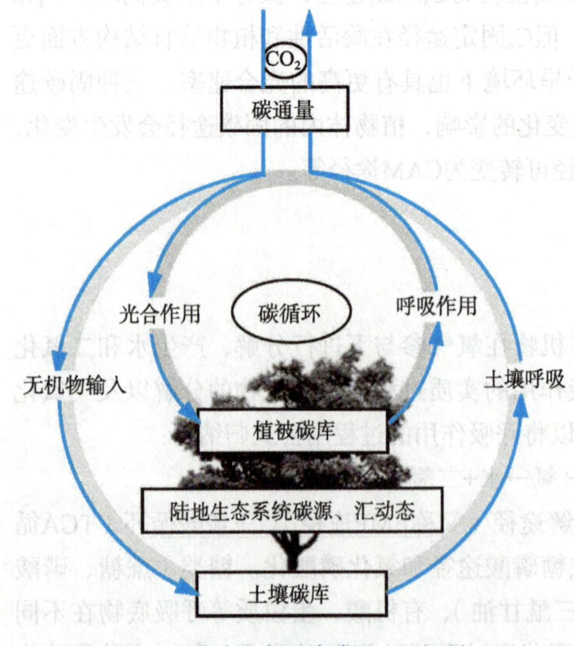

图2-1　陆地生态系统碳源、汇机制

2.2.1 植被碳库

植被在生长过程中会吸收CO_2并储存碳，当植被被分解或燃烧时，储存在体内的大部分碳主要以CO_2形式释放回大气中，有些碳则留在植物残屑和土壤中。当吸收的碳比排放的碳多时，被认为是一种碳汇，起到了植被碳库的作用。有研究表明，植物光合和呼吸作用与大气之间的年碳交换量高达陆地生态系统碳汇总量的90%，控制着全球陆地碳循环的动态。由此可见，植被碳库对于人类来说非常重要。植被碳库主要包括森林、草原、农田、湿地等，其中，森林生态系统是植被碳库的主体，是陆地上最主要的碳储存库。森林碳总量有大约一半储存在森林生物质和枯死树木中，另一半则储存在土壤和森林残屑中。就森林对碳储存的贡献而言，森林面积占全球陆地面积的27.6%，森林植被的碳储量约占全球植被的77%，森林土壤的碳储量约占全球土壤的39%（董恒宇 等，2012）。

衡量植被碳库的大小主要借助植物的净初级生产力。生产力反映了植物群落在自然条件下的生产能力，是估算地球支持能力和评价陆地生态系统可持续发展的一个重要生态指标。在初级生产的过程中，植物固定的能量有一部分被植物自己的呼吸消耗掉，即自养呼吸，剩下的可用于植物生长和生殖，这部分生产量即为净初级生产力。因此，净初级生产力综合考虑了植物生产的新生物量、扩散或由根分泌到土壤中的可溶性有机化合物、转移到与根有共生关系的微生物中的碳以及由叶片向大气中挥发排放的损失。其中，以植物生产的新生物量占主要部分。

植物的生物量分为地上部分生物量和地下部分生物量。地上部分生物量是最重要的碳库，指土壤以上以干量表示的所有活体的生物量，包括树干、树枝、树皮、果实和叶子等；地下部分生物量是指所有活根的生物量，通常不包括直径小于2mm难以从土壤有机成分或枯落物中区分出来的细根。当根把大量碳转移到地下且储存时间相对较长时，它在碳循环系统中起到的作用是很大的。通常，测定植物净初级生产力的目的主要就是估计生物量增加的速率，而根系分泌、向共生体转移以及挥发排放是从植物损失的量，并不直接带来生物量的增加。因此，没有测量植物净初级生产力的这些成分不会对生物量累计的估计造成太大的偏差。

2.2.2　土壤碳库

土壤是人类赖以生存的重要自然资源，是连接大气圈、水圈、生物圈以及岩石圈的纽带，是陆地生态系统的核心，也是陆地生态系统中最大的碳库。土壤碳库为陆地植被碳库的2~3倍。因此，土壤碳储量很小的变化也会对整个陆地生态系统碳循环产生显著影响。

土壤碳库包括有机碳库和无机碳库两大部分。美国土壤学会将土壤固碳定义为大气二氧化碳以稳定固体的形式被直接或间接储存到土壤中，包括直接将二氧化碳转化为钙或碳酸镁之类的土壤无机物，或间接通过植物光合作用将大气二氧化碳转化为植物能量，并在分解过程中被固定为土壤有机碳。当前土壤碳库研究和管理实践的重点是土壤有机碳库，这是因为无机碳库更新时间更长，而与大气成分进行活性交换的主要是土壤有机碳。

2.2.2.1　土壤有机碳

土壤有机碳是指土壤中各种含碳有机化合物，是土壤极其重要的组成部分，不仅在维持土壤养分含量、促进土壤结构和孔隙系统的形成及稳定、调节土壤化学及生物学性质等方面具有重要作用，而且对全球碳循环有巨大的影响。土壤是地球最大的陆地碳库之一，有机碳在土壤中的储存有助于减少大气中的CO_2浓度。当土壤有机碳被破坏或耗尽时，CO_2会被释放到大气中，增加温室效应。有研究表明，目前大气中温室气体增加可以通过土壤中有机碳的封存来缓解（Chaplot & Cooper，2015）。

土壤有机碳的主要来源为植物和微生物。来自植物的碳源主要由土壤活性有机碳库和土壤稳定有机碳库组成。根系分泌物作为一种单糖或多糖经过胞外酶的分解成为土壤活性有机碳库；地上凋落物和根系凋落物中的木质素和多糖经微生物分解也转化成为土壤稳定有机碳库的一部分。具有生活力的微生物（真菌、细菌以及放线菌）则以微生物量碳和微生物群落磷脂脂肪酸等形式存在于土壤活性碳库中，其代谢产物及其死亡后产生的残体又进入土壤稳定有机碳库中被植物利用。

影响土壤碳含量的因素主要有自然因素和人为因素两方面。在自然因素方面，温度和降水的变化会影响土壤中微生物的活性。一般来说，温度越高，微生物活性越强，分解有机质的速度更快，会降低土壤有机碳含量；另外，有机碳多集中在土壤表层，水土流失带来的表土流失，会直接导致土壤有机碳含量的下降。在人为因素方面，过度耕作破坏土壤结构，不合理的灌溉、化肥农药过量使用可能影响土壤微生物活性和平衡，过度采伐、放牧等造成的植被破坏减少土壤表层有机物输入，都会抑制土壤有机质的转化，从而降低土壤有机碳含量。

2.2.2.2 土壤无机碳

土壤无机碳是近地表环境中的另一主要碳库，是土壤中各种无机态碳的总称。主要是指土壤中各种含碳的无机化合物，包括土壤中固态的碳酸盐沉积物，液态的碳酸根离子及气态、液态的CO_2等。它们多以结核状、菌丝状存在于土壤剖面。固态碳酸盐包括碳酸钙和碳酸镁等，来源于土壤母质、富含碳酸盐的风积灰尘、地下水和人为输入等，其中土壤母质和风积灰尘是其主要来源。液相包括CO_2溶于水形成的碳酸、碳酸根离子以及碳酸氢根离子；气相是CO_2，来源于土壤呼吸产生的CO_2以及土壤剖面上部混入的大气。通常所说的土壤无机碳是指土壤无机碳中的固相部分。相对于土壤有机碳来说，土壤无机碳在土壤碳库中所占的比例较小。除了干旱和半干旱地区的土壤无机碳含量比较高，大多数土壤特别是表层土壤无机碳含量非常低。

2.3 植物与土壤间碳传递

植物与土壤间的碳传递主要依靠植物和土壤微生物驱动，一方面包含植物地上部分的凋落物碳输入以及植物地下部分的根系碳输入；另一方面包含土壤呼吸碳输出和微生物碳输出（图2-2）。

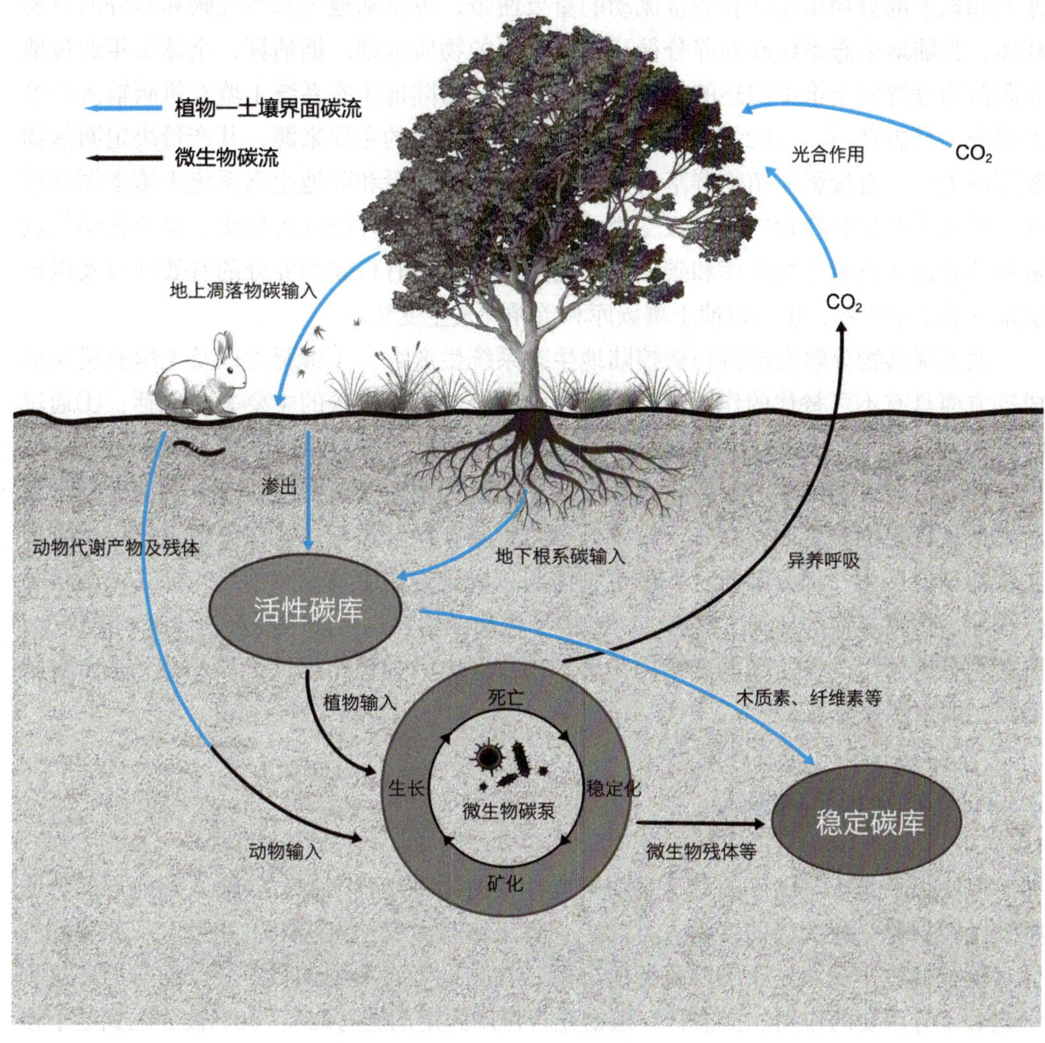

图2-2 植物与土壤间碳传递

2.3.1 植物—土壤碳输入

植物来源的碳通过地表凋落物和地下根系进入土壤。地表凋落物作为植物向土壤输入有机碳的主要途径，在分解过程中将一部分碳以CO_2的形式释放到大气中；另一部分则以有机碳的形式输入土壤，参与土壤碳循环过程。根系是植物向土壤输入有机碳的另一个关键组织，根系生命活动对土壤碳输入过程具有重要意义。

2.3.1.1 地表凋落物碳输入

地表凋落物是由地上植物组分产生并归还到地表面的所有有机质的总称，主要包括生理性落叶、落枝、凋落的树皮及花果杂物和因风倒、虫蛀等自然灾害而形成的大量倒木和枯立木等。地表凋落物作为分解者的物质和能量来源，是连接陆地生态系统地上和地下部分物质循环和能量流动的重要纽带，也是陆地生态系统碳和养分的重要载体，为陆地生态系统碳和养分循环提供重要的物质基础。据估算，全球每年通过地表凋落物分解向土壤中归还的有机碳约为50Gt，占陆地生态系统土壤有机碳输入的绝大部分（马志良 等，2020）。凋落物作为土壤有机碳的主要来源，其产量决定凋落物碳库的大小，直接影响植物群落向土壤的有机碳输入量和陆地生态系统土壤碳循环过程。其输入数量和质量的微小改变都可能引起土壤碳循环的巨大变化。凋落物层的数量和分解速率影响土壤碳库和碳循环，通过改变土壤有机碳和养分的有效性以及微环境来影响土壤生物，也可以使土壤碳库和碳循环发生变化。

地表凋落物分解在维持和调控陆地生态系统生产力、土壤肥力以及土壤有机质形成等方面具有不可替代的作用和地位。凋落物分解过程中碳的主要去向包括：①通过呼吸作用以CO_2的形式直接释放到大气；②在分解早期阶段，凋落物易分解组分中的可溶性有机碳，通过淋溶的方式直接进入土壤，而木质素、多酚等难分解组分在分解后期形成稳定的腐殖质储存在土壤中，参与土壤碳循环过程；③在分解过程中土壤微生物活动也可将一部分碳固定在微生物体内，以微生物生物量碳的形式存在。凋落物分解除了受凋落物本身基质影响外，土壤环境和微生物也会影响凋落物分解。总体上，凋落物分解可以改善土壤营养结构，增加土壤肥力，为植物生长提供养分，是土壤碳输入主要来源部分。

2.3.1.2 植物根系碳输入

植物根系是土壤碳库的重要生物来源，是植物将光合产物直接输入到地下部分的唯一途径，是一种关键的碳输入方式。它将土壤与大气连接起来，通过水、养分和气体运输控制整个土壤中生物群资源的分配，在陆地生态系统碳和养分分配与循环过程中起着十分重要的作用。据估算，植物光合作用固定的碳有35%~80%被分配到地下根系统以维持细根的不断生长、死亡和更新。分配到根系的植物光合作用产物中又有大约75%的碳以呼吸方式释放到大气中，影响大气碳循环，其余部分则留在土壤中，参与土壤碳循环。

根系碳输入是土壤碳输入的一个重要方式，主要通过根系的周转和根系分泌物完成。根系的周转即根系自身的生长过程，其所需的周期较长，这是由于本身基质结构复杂再加上土壤中的低氧环境进一步为其分解增加困难。根系分解后大部分转化为有机碳储存在土壤中。气候、树种组成、季节、土壤类型及立地条件的变化都可在不同程度上直接或间接地影响植物群落细根生物量、生产和周转动态。细根分解过程中可将大量的有机碳转变成稳定的腐殖质储存在土壤中，成为土壤有机碳库的主要来源。

根系作为首先感知周围土壤环境变化的重要器官，除了吸收养分、水分和固定地上部分之外，还可以分泌多种化合物，即根系分泌物。根系分泌物是指植物在生长过程中根系不同部位释放到环境的不同物质，主要由含碳的有机物构成。植物根系分泌物种类繁多，数量各异，且因不同树种和不同生态系统存在显著差异。按分子量大小，植物根系分泌物可分为两类：一类是低分子量有机物，如低分子有机酸、糖类、酚类和各种氨基酸等；另一类是高分子量有机物，如胞外酶、蛋白质、黏胶物质等。根系分泌物对土壤碳输入的贡献大小主要取决于分泌物种类、浓度和速度。不同树种根系分泌物种类、浓度和分泌速率差异很大，因而塑造了不同的根际微环境，能够有效调节根际微生物的数量和活性，进而影响土壤有机碳输入过程。根系分泌物进入根际土壤不仅会导致土壤物理、化学和生物学特性的改变，而且直接影响土壤二氧化碳的排放过程，进而对土壤碳周转及循环过程产生深刻影响。因此，植物根系分泌是一种重要的植物—土壤物质交换的界面过程，是植物—土壤—微生物之间联系的重要桥梁，同时也是植物根际碳沉积的重要组成部分。

2.3.2 植物—土壤碳输出

土壤有机碳蓄积量并不是静止的，它通过植物残体分解后输入，再通过土壤呼吸、土壤淋溶、微生物活动等过程输出。土壤有机碳不仅为植被生长提供碳源、维持土壤团聚体结构和孔隙稳定性，也能在分解为无机物的过程中以二氧化碳的形式向大气释放碳。当土壤生态系统的各因素相对稳定时，土壤有机质的矿化和腐殖化过程将使土壤的有机碳蓄积趋于平衡。

2.3.2.1 土壤呼吸碳输出

碳以二氧化碳的形式从土壤向大气圈的流动是土壤呼吸作用的结果。土壤呼吸是指土壤中的植物根系、土壤动物和微生物呼吸产生二氧化碳向大气中排放的过程，也就是土壤向大气释放二氧化碳的过程，是土壤碳素同化和异化平衡的结果，包括未扰动土壤中产生二氧化碳的所有代谢作用。每年土壤通过呼吸向大气释放的二氧化碳量是全球化石燃料燃烧释放二氧化碳量的10倍以上（张东秋 等，2005）。土壤呼吸可以将生态系统中固定的碳返回到空气中，这是全球碳循环的重要组成部分。

土壤呼吸主要包括三个生物学过程即植物根系呼吸、土壤微生物呼吸以及土壤动物呼吸，以及一个非生物学过程即少量的土壤有机物氧化而产生的二氧化碳。因土壤动物呼吸和土壤中的非生物学过程产生的二氧化碳量只占很小比例，在实际测量或估算中常忽略不计，因此通常所说的土壤呼吸主要是指植物根系呼吸和土壤微生物呼吸。将土壤呼吸精确区分为根系呼吸与微生物呼吸对理解土壤碳循环和碳沉积的影响及估算生态系统碳平衡是非常必要的。

从土壤呼吸产生的生理学机制来看，植物的根系呼吸是土壤呼吸中的自养呼吸部分，也是土壤呼吸的重要组成部分。土壤自养呼吸是根系通过呼吸把光合作用合成的碳水化合物氧化分解，释放能量和二氧化碳的过程。因此有学者对根系呼吸的定义是根部及其衍生的呼吸，包括活根组织呼吸、共生的根际真菌和微生物呼吸、根系分泌物和死根的分解等活动产生二氧化碳的过程（董恒宇 等，2012）。活根呼吸依其组成或功能的不同，又可分为粗根呼吸与细根呼吸、生长呼吸与维持呼吸。细根是根系生物能存在的重要形式，其生长寿命短，周转快。相对于地上部分而言，细根拥有较大的生物量，是根系呼吸的主要部分，也是土壤有机质碳的重要来源。根系呼吸过程是陆地生态系统中碳循环的重要途径，受土壤温度、土壤湿度、森林类型和人为干扰等诸多因素影响，它有季节上的变化，也有空间上的差异，具有极强的时空特异性。

土壤微生物是生活在土壤中的细菌、真菌、放线菌和藻类的总称，其个体微小，一般以微米或纳米来度量。它们在土壤中进行氧化、硝化、氨化、固氮、硫化等过程，促进土壤有机质的分解和养分的转化。土壤微生物呼吸为异养呼吸，有机质、枯枝落叶、死根等进入土壤后，在微生物的作用下发生氧化反应，分解释放二氧化碳、水和能量，而剩余部分被微生物用于自身合成。土壤微生物呼吸通过分解土壤有机质而直接影响生态系统的碳平衡。当土壤中的二氧化碳浓度升高时，以根系分泌物或死亡根组织形式输入土壤中的碳量将会改变，即为微生物提供的碳源或能量发生了变化，进而影响土壤微生物的呼吸强度。

影响土壤呼吸的因素有土壤有机质含量、土壤生物、土壤透气性、土壤湿度、土壤温度、植被及地表覆盖、土地利用、施肥、pH值、风速及其他因素。有研究表明，土地利用方式对于土壤呼吸的影响相当显著，不同的利用方式不仅对地表植被有所影响，还改变了土壤透气性，使得土壤有机质含量、微生物组成与活性、根系生物量等发生改变（王清奎，2011）。人类活动正在使土壤碳库逐渐成为碳源，导致生态系统的碳汇功能减弱。

2.3.2.2 土壤微生物碳泵输出

土壤微生物群落是土壤碳库变化最主要的驱动力。一方面，微生物群落能通过分泌胞外酶和微生物细胞内的合成代谢等途径，将土壤或植物根系的有机物质转化为较小的有机分子，如糖类、脂肪酸类和氨基酸类等，并进一步分解为无机物质并释放能量，该过程也是土壤碳损耗即异养呼吸的主要途径。尤其是对位于土壤表层的新鲜有机质，较高的微生物活性和周转率会加速分解和矿化有机质，产生激发效应，即土壤中原有机质的分解速率改变，进而释放大量二氧化碳到大气中。另一方面，微生物分解所产生较小的有机分子作为腐殖化过程的前体物质，与微生物合成代谢产生的酚类、醌类物质或植物残体剩余的类木质素，进一步缩合、聚合形成腐殖物质。这些腐殖质具有较高的分子量和化学稳定性，在土壤中具有相对长时间的滞留期，对土壤碳库的积累和稳定性维持方面发挥着重要的作用。此外，微生物死亡尤其是在植物根际区域更有利于微生物残体碳的形成。因此，土壤微生物群落可以作为微生物碳泵对土壤的碳储量进行调节。

微生物同化合成的碳由土壤微生物进入土壤，并被物理保护逐渐积累而稳定于土壤碳库中，微生物碳泵连接地上部植被和地下部土壤。在有可利用的底物时，土壤微生物通过“体内周转”，通过合成代谢，将土壤中容易分解的底物转化为微生物的生物量和代谢产物。土壤微生物死亡后，其坏死体和部分代谢产物在土壤中保持相对稳定，并以微生物残体的形式贡献于土壤碳库。随着微生物群落的不断生长、繁殖和死亡，稳定的微生物源有机碳不断产生并逐渐积累在土壤中，对土壤碳库的形成起到了积极的作用。

土壤中的微生物具有生物量大、种类复杂、代谢功能多样、相互作用关系复杂等特点，参与了碳循环多个重要代谢过程，如碳固定（二氧化碳转化成有机物的过程）、甲烷代谢（产甲烷和甲烷氧化过程）和碳降解（有机质的分解过程）等过程。具有相似功能的微生物类群构成土壤微生物群落的基本功能单元，不同的功能群落共同调控和驱动着土壤碳循环的各个过程，在响应全球气候变化、维持生态系统的功能和稳定方面有着不可替代的作用。

思考题

1. 简述植物的碳代谢原理。
2. 简述碳储存原理。
3. 植物与土壤之间如何进行碳传递？

拓展阅读

1. 中国陆地生态系统增汇技术途径及其潜力分析. 于贵瑞，赵新全，刘国华. 科学出版社，2018.

2. 碳中和植物降污固碳及其机制研究进展[J]. 陈芸，周启星，陶宗鑫，等. 环境科学，2024，45（6）：3446-3458.

3. IPCC AR6综合报告：《气候变化2023》十大重点解读，世界资源研究所，2023.

4. Sixth Assessment Report. IPCC，2022.

第3章 城市绿地植被增汇减排效益

本章提要

本章详细介绍了城市绿地植被与土壤的直接碳增汇效益，以及绿地植物景观如何通过调节城市热环境、降低环境污染、涵养水土与调节雨洪等，提供节约能耗、降低治理成本的间接碳减排价值。

城市绿地可以提供诸多的生态系统服务，在改善城市生态环境、保障人类健康福祉、调节城市生态平衡、维护城市生态系统稳定方面承担着其他基础设施无法替代的重要作用。城市碳中和建设背景下，绿地不仅可以借助其内部的植物景观和土壤吸收固定大气中的CO_2，提供直接的碳增汇效益，还可以通过调节城市热环境、节约建筑与交通能耗、减少城市各类环境污染、涵养城市水土与调节雨洪等，降低城市治理成本，间接地助力城市碳减排。最大程度地发挥城市绿地植物景观的增汇减排效益，对于打造绿色可持续的低碳园林、低碳城市，助力城市碳中和建设具有重要意义。

3.1 直接增汇效益

城市绿地主要通过植物与土壤的光合与呼吸作用等参与城市碳循环，当绿地植被与土壤吸收CO_2的量大于释放量时，过剩的碳以生物量或有机碳、无机碳的形式被绿地植被与土壤碳汇固定、储存下来，从而实现了碳增汇。

3.1.1 绿地植被碳汇效益

城市绿地中植被是提供碳增汇效益的主体。植物通过自身的光合作用吸收和固定大气中的CO_2，在合成自身所需的有机营养的同时，向环境中释放出O_2，对大气的碳氧平衡进行调节。欧洲环境署（European Environment Agency）数据表明，一棵成年树木每年可以从大气中吸收约22kg的CO_2，一英亩（约$0.4hm^2$）树木每年可以吸收$2.6tCO_2$（EEA，2012）。在世界各地科学家的研究中，美国萨克拉门托市每公顷城市绿地每年可通过植物光合作用固定1.2t左右的CO_2（Scott et al.，1997）；韩国春川市每公顷城市绿地植被碳储量为4.7t（Jo，2002）；我国北京园林植被碳密度约$22.1t \cdot hm^{-2}$（王迪生，2010）；杭州市建成区城市植被碳储量达到0.56tg（温家石，2010）（表3-1）。

表3-1 中国城市绿地植被碳储量和碳密度

城 市	碳储量/Tg	碳密度/（$t \cdot hm^{-2}$）	绿地植被类型	资料来源
北 京	0.59	7.7	园林树木	谢军飞等，2007
	0.89	22.1	园林植物	王迪生，2010
	8.52	22.5	城市森林	樊登星等，2008
哈尔滨	0.02	—	城市森林	应天玉等，2009
广 州	0.18	—	建成区绿地	管东生等，1998
	5.32	—	城市森林	周国逸、唐旭利，2009
	—	34.8～185.7	城区生态安全岛森林	莫丹等，2011
杭 州	0.56	—	建成区绿地	温家石等，2010
台 州	0.09	—	建成区绿地	温家石等，2010
长 沙	—	38.5	乔木	高述超，2010
东 莞	0.19	—	大岭山城市森林公园	赖广梅，2010
合 肥	—	249.7	园林树木	吴珊珊，2010
上 海	0.50	18.7	上海城市森林	王瑞静等，2011

城市绿地植被的碳增汇效益受到诸多因素的影响。首先，尽管光合固碳是所有植物的天然属性，但不同植物种类的光合固碳能力存在较大差异。一般，乔木树种的光合固碳能力明显高于其他灌木和草本植物；生长速度快、叶面积大、叶量多的树种光合固碳能力更强；生长慢速、寿命长的树种碳储存稳定性更高。温度、水分和养分等条件适宜的环境有利于植物光合作用，可以增加植物固碳量，但过高或过低的温度、干旱或过湿的水分、缺乏或过剩的养分等不利于光合作用的进行，会减少植物固碳量。人工养护管理也会影响城市绿地植被的固碳增汇效果，适当的间伐、修剪、施肥等措施可以促进树木生长，提高其光合效率和生物量；反之，则会抑制植物光合效率和生物量积累，影响其固碳增汇效果。

城市绿地中不同植物种类经过人工选择，以多样的组合方式配置在一起。由不同物种与林龄构成的植物群落碳储量和碳密度存在较大差异，波动范围可以从每公顷几十到上千不等。一般情况下，绿地植物群落的层次越复杂，植物群落碳密度越高，碳汇功能越强；但当群落内的栽植密度超过一定范围时，致密的群落内植物无法获得充足的光照条件，彼此间竞争加剧，群落固碳量就有可能呈现负增长。此外，城市绿地的面积规模、植被覆盖率、总体绿量和植被配置等也会引起城市植被碳汇效益的差异。通常，绿地面积规模越大、植被覆盖率越高，绿地植被固定、储存的碳总量就越多；增加总体绿量和配置固碳效益强的植物群落，能显著提升城市绿地碳汇能力。

3.1.2　绿地土壤碳汇效益

正如前文第2章中介绍，植物吸收大气中的CO_2将其转化为糖和其他碳分子，然后再通过它们遍布在周围土壤里的根系和枯枝落叶等将多余的碳传递给土壤。除去经由植物、土壤呼吸及含碳物质的化学氧化作用再次逃逸回大气的那部分CO_2，剩余的CO_2被土壤转化为稳定的含碳化合物，以有机碳或无机碳的形式固定、储存下来。土壤是城市绿地的另一主要碳储库，一般高出植被碳储量数倍以上。例如，在北京城区园林中，土壤碳储量是园林植被碳储量的3.2倍（王迪生，2010）；广州市城区公园土壤碳储量是植被碳储量的3.9倍（管东生 等，1998）。提升土壤固碳的作用主要有两个方面：一方面，减少土壤中碳的释放，促进土壤中有机质含量的提升，可以使更多的碳被储存，从而抑制大气中的温室气体含量，减缓全球气候变化的影响；另一方面，增加土壤的碳储量可以改善土壤的结构和肥力，提高土地的种植品质与产量。

城市绿地土壤，是城市绿化过程中根据绿地种植植物对土壤条件的需要，调节和改良后形成的人工土壤。相比于城市中被硬质地面覆盖的土壤或裸露土壤，绿地土壤的表层被植被覆盖保护，可以有效抑制土壤升温和蒸发，有助于形成更加良好的土壤理化性质。同时，绿地土壤与植物根系以及根系微生物等通过一系列根际生理、生化作用相互支持，使得城市绿地土壤中的有机碳含量，往往更高于其他城市土壤类型。但相比于自然生态系统中的土壤，城市绿地土壤有机碳的含量具有很大变异性，比农田或森林等生态系统土壤低或高的情况都有可能出现。韩国有关研究表明，城市绿地0~60cm土层的有机碳库储量低于自然生态系统（Jo et al.，2002）；芬兰赫尔辛基的研究则发现城市公园土壤的平均碳密度（10.4~15.5kg·m^{-2}）明显高于芬兰农田的平均碳含量（0~15cm土壤为 4.1~6.7kg·m^{-2}）（Heikkinen et al.，2013）和森林土壤碳库（0~100cm土壤约为6.3kg·m^{-2}）（Liski et al.，2006）；我国沈阳的研究中，城市绿地有机碳含量为24.82g·kg^{-1}、碳密度为3.98kg·m^{-2}，高于城市周边郊区和农村的表层土壤（汤煜 等，2019）。

城市绿地土壤中的有机质（储存的碳）主要积累在土壤表层。这种典型特征与植被根系在土壤剖面中的垂直分布有关。浅层土壤与大气接触、微生物群落活跃且植物根系生物量一般更高。凋落物分解和根系分泌等过程使得有机物更容易在此处积累。

因此随土壤深度的增加，土壤中的有机质和碳含量明显下降。城市绿地土壤碳储量的另一个典型特征是土壤有机碳的空间分布具有较高的空间异质性。不同城市功能区位、不同绿地类型的绿地土壤中的有机碳含量常常差异很大（表3-2）。一般而言，绿地土壤碳储量与碳密度由城市核心向城市边缘逐渐递减（王小涵 等，2022）。

表3-2　中国城市绿地土壤碳储量和碳密度

城　市	碳储量/Tg	碳密度/（$t \cdot hm^{-2}$）	采样深度/cm	备　注	资料来源
北　京	2.82	70.3	0~100	城市绿地	王迪生，2010
上　海	3.59	258.1	0~30	城市绿地	刘为华，2009
	6.70	481.4	0~60	城市绿地	刘为华，2009
武　汉	0.03	—	—	武汉江夏区林地	袁传武等，2010
广　州	16.7	—	—	城市森林	周国逸和唐旭利，2009
	0.74	127.5	0~100	城市绿地	管东生等，1998
	0.16	164.6	0~100	城市公园	管东生等，1998
南　京	1.74	—	—	城市森林	王祖华等，2011
长　沙	—	84.8	0~60	城市森林	高述超，2010
福　州	—	46.0	0~60	芦苇湿地	曾宏达等，2010
	—	89.6	0~60	草坪	曾宏达等，2010
	—	79.1	0~60	片林	曾宏达等，2010
	—	37.9	0~10	草坪	李金全等，2011

3.2　间接减排效益

3.2.1　调节城市热环境

3.2.1.1　植物的降温效应与节能减排

城市中的植物可以通过遮阴和蒸腾蒸散作用等机制，为城市降温增湿。首先，植物的树冠，尤其是高大乔木茂密的冠层枝叶如同一把天然的大伞，在盛夏的烈日下阻挡了大量的太阳直射光，显著减少了地面和建筑物表面对太阳辐射的吸收。这一过程中，植物的遮阴效应有效避免了城市地表的热量积累，使得地面及其周边空气的温度得以明显降低。种植在建筑周围的植物可以阻挡太阳辐射和周围表面的反射，减少窗户、墙壁和屋顶等建筑结构的日晒，进而降低室内温度（图3-1）。其次，植物还可以通过叶片的蒸腾作用调节周围热环境。炎热的天气里，植物通过其叶片的蒸腾作用，不断地将水分从叶片表面蒸发到空气中，这一过程需要吸收大量的热量，从而将太阳能转化为潜热，有效降低周围空气的温度。植物遮阴与蒸腾吸热这两种机制并不是孤立存在的，它们共同作用形成了一个有效的环境降温系统。在白天，当太阳辐射最为强烈时，植物的遮阴效应减少了地表和建筑物的热量吸收；同时，蒸腾作用通过水分的蒸发不断地从周围环境中吸收热量。这两种机制的结合，使得植物在调节城市热环境中发挥出更大的作用。例如，在印度热带城市班加罗尔，有树木的街道空气温度平均降低了近5.6℃（Vailshery et al.，2013）。新加坡湿热气候下的实地测量显示，树冠与周边地区的温差为1.5~2.8℃（Nichol，1996）。在我国香港的高层住宅区，树木数量从25%增加到40%，导致白天热岛强度降低了0.5℃；在北京，通过对8种常见树木群落的夏季小气候特征观测发现，在夏季高温天气里，植物群落可显著降低空气温度，植物群落内的日均降温强度为1.6~2.5℃（Yan et al.，2012）。大型绿地的降温效益则更为显著。绿地内部与周围的城市建成环境相比，通常温度更低，内外温差高达1~7℃，这就是“公园冷岛”现象的由来。

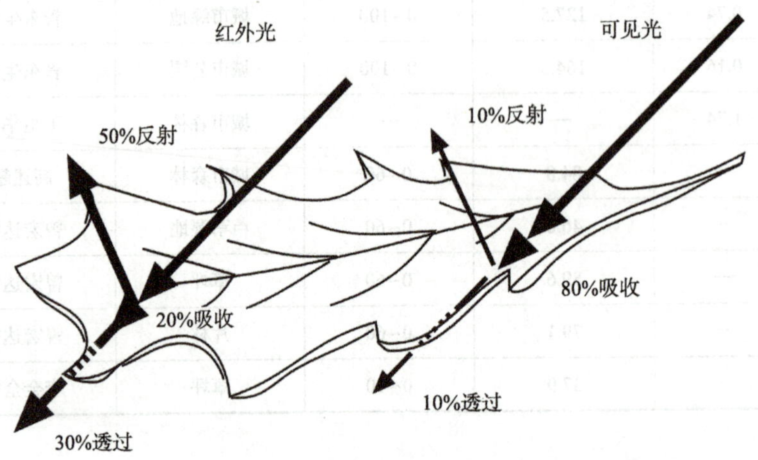

图3-1　植物叶片吸收、透过和反射太阳辐射（Benz Kotzen，2003）

绿地通过其内部的植物对城市热环境的调节改善作用，不仅可以创造更加舒爽的户外环境，还能够有效地缓解、降低炎热夏日城市居民对空调制冷的需求，从而减少对电能的依赖和化石燃料的燃烧，进一步降低CO_2等温室气体的排放。美国加利福尼亚的研究中发现，树木的遮阴和小气候效应可以有效地降低建筑30%的能耗。若能在城市中增加植树1亿株，并在建筑物外表面使用浅色涂料，可显著降低城市热岛效应，节约空调能耗，进而每年减少约3500万tCO_2排放（Akbari et al.，1992，1997）。希腊有关研究表明，树木的降温效应可以有效降低2.6%~8.6%的日间空调能耗，以及降低2.9%~9.7%高峰时刻的空调能耗（Tsiros，2010）。由此可见，城市中的植物景观不仅能直接通过遮阴和蒸发冷却作用调节热环境，降低空气温度和提高空气湿度，而且还能间接通过减少建筑能耗，降低城市碳排放，为缓解全球气候变暖和城市热岛效应提供有效的自然解决方案。

3.2.1.2　城市绿地的降温作用

城市绿地的类型多样，包括公园绿地、街道绿化、居民小区绿地，甚至还有屋顶垂直绿化等。在这些绿地中，从单独的一株树，到成排的行道树，公园和开放空间的树木群落，抑或大片的林地，共同构建了一个多层次的绿色降温网络，为城市降温贡献力量。

对于单株树木而言，树木的种类、高度、冠幅、叶片结构等因素都会直接影响其树冠遮阴的范围、蒸散速率和对太阳辐射的拦截能力。更宽大的树冠可以提供更广泛的遮阴区域，而高密度的叶片结构有助于更有效地拦截太阳辐射。此外，适当的树木排列能够促进空气流通，避免因树木过度拥挤而导致的风流受阻和局部环境温湿度升高。在热带气候或高温季节中，这一点尤为重要。对于绿地整体而言，城市绿地的降温效应的强弱受到绿地规模、形态、内部植被群落的类型和密度，以及周边城市布局等多种因素的影响。通常，大型公园绿地以其开阔的面积和丰富的植被提供了更多的遮阴面积和蒸发表面，能够更有效地改善空气流通而具有更强的冷岛效应。在城市规划和设计中，通过增加城市绿地面积、考虑树木的特性、多样化植被配置与种植模式、优化公园设计以及综合城市规划来促进空气流通和热量散发，可以显著增强公园的冷岛效应，减轻热岛效应带来的负面影响，节能减排。

立体绿化是一种创新的城市绿化方式，通过在屋顶（绿色屋顶）和建筑物的立面（绿墙）上引入植被，对城市环境进行自然的调节。这种绿化方式不仅美化了城市景观，还在缓解城市热岛效应、降低建筑物能耗方面显示出其独特的优势。绿色屋顶通过在建筑顶部引入植被层，利用植物的蒸腾作用和遮阴效果，直接降低屋顶表面温度，同时增加屋顶的隔热性能，晚上缓慢释放日间吸收的热量，减少建筑物内部的温度波动和制冷需求。而墙面立体绿化，又称生态墙，不仅通过遮阴和蒸腾吸热降低了墙面的温度，还可以促进建筑周围空气流通，有助于缓和室内外的温度变化，减少了对空调等制冷设备的依赖，从而节约能源消耗，促进城市的绿色转型（Charoenkit et al., 2016）。随着全球气候变化和城市热岛效应日益严峻，立体绿化作为一种有效缓解城市高温问题的策略越来越受到重视。

3.2.2　降低环境污染

环境污染物与温室气体排放具有高度同根、同源、同过程特性和排放时空一致性的特征，化石能源消费、工业生产、交通运输、居民生活等均是环境污染物与温室气体排放的主要来源。因此，我国高度重视减污降碳协同治理。绿地植物对空气、水体和土壤等城市环境中的有毒有害污染物具有十分积极的净化作用。借助绿色可持续的植物修复技术净化、修复城市环境污染可以原位实施，经济、高效且不造成二次污染，往往比工程治污更加低碳环保和节能减排，符合人类可持续发展的最终目标。

3.2.2.1 降低空气污染

空气污染主要由工业废气、机动车尾气等排放的颗粒物、有害气体和微生物组成，会对人类健康构成严重威胁。其中，$PM_{2.5}$和PM_{10}等颗粒物以及SO_2、NO_x等有害气体是主要的污染物。绿地植物的吸收、阻滞与扩散稀释等作用可以影响空气中污染物的沉积和扩散，从而有效降低空气污染物含量，改善空气质量。例如，在公路两旁种植植物以减轻汽车造成的污染，在化工厂附近种植植物来减轻工业排放造成的污染并美化环境等。可见，借助植物的净化作用可以改善环境空气质量，节约空气污染治理成本，也可以有效降低城市碳排放。

（1）空气颗粒物

空气中的颗粒物，按其空气动力学等效直径的大小，一般分为可吸入颗粒物（PM_{10}，粒径<10.0μm）、细颗粒物（$PM_{2.5}$，粒径<2.5μm）和亚微米颗粒物（PM_1，粒径<1.0μm）等。通常，携带颗粒物的空气经过植物冠层时，植物通过枝叶与茎干黏着、吸附阻滞粒径较大的颗粒物，通过植物气孔或皮孔吸收粒径细小的颗粒，或借助植被带来环境温差带动空气流动，促进空气污染物的扩散稀释。不同的叶表结构、叶面倾角、树冠结构是引起植物物种之间滞尘能力存在差异的主要原因。例如，榆叶梅叶表具纤毛和浅沟，颗粒物沉降附着在其叶片上能长时间保留（柴一新 等，2002）。松属植物等一些针叶树因可以分泌黏液，捕获颗粒物的能力强（王兵 等，2015）。槐、毛白杨等具有叶量大、枝叶紧密的冠形结构，滞尘能力突出（范舒欣 等，2015；Chen et al.，2017）。一般，绿地植被对PM_{10}、TSP等大粒径颗粒物的净化效果十分明显，但对于$PM_{2.5}$甚至粒径更小的颗粒物，绿地植被的调节效果相对比较复杂，过于致密的植被冠层可能会阻碍污染空气向大气层的扩散衰减。因此，城市植被种植也并非越密越好，科学合理的植物景观配置才能最大程度地发挥绿地净化空气颗粒物的效益，避免“弄巧成拙”。

（2）有害气体

SO_2、NO_x、HF、Cl_2、O_3等有害气体是空气中另一类重要的污染物质。绿地植物可以通过持留和去除过程来净化、修复空气中的有害气体。持留包括截获、吸附和滞留等物理过程，一般净化效果有限；去除则是植物通过叶片表层气孔皮孔将有毒有害气体吸收，然后通过光合作用或氧化还原等生理生化过程将其转化为有机物质或无毒物质，或是固定在特定的器官中，从而降低空气中有害气体浓度。去除过程是植物净化有害污染气体的主要途径。

不同植物种类吸收净化有害气体的能力和可耐受的程度差异很大，比如，木槿、刺槐、紫薇吸收SO_2、HCl、HF等有毒气体的能力强；月季净化H_2S、HF等有害气体的效果明显；银杏、柳杉、日本扁柏、冬青等净化O_3的作用较大；猬实、水栒子、皂荚、青杨等吸收Cl_2能力强、抗性也强；栓皮栎、桂香柳、加杨等树种能吸收空气中的醛、酮、醇、醚和致癌物质安息香吡啉以及多种有毒气体；喜树、梓树、接骨木等树种具有吸苯能力；紫薇、夹竹桃、棕榈、桑树等能在汞蒸气的环境下生长良好，不受伤害；大叶黄杨、女贞、悬铃木、榆树、石榴等能吸收铅蒸气等有害气体。总体上，绿地植物景观净化有害气体的效果还与绿地面积规模、植被绿量、群落构成与结构，甚至季节生长节律等都存在关系。通常，绿地越完整、面积越大，同时保有通风廊道结构，则净化有害气体的效果越显著（Xing and Brimblecombe，2020；周嫒和石铁矛，2017）。

（3）有害微生物

空气中散布着各种细菌、病原菌等微生物，其中不少是对人体有害的致病菌。绿地植物借助对空气中气溶胶、颗粒物等污染物的净化效果能够有效减少空气微生物的附着载体。同时，许多植物的芽、叶、花粉等能分泌出能杀死空气中的细菌、真菌和原生动物的挥发物质，即杀菌素，从而减少空气中微生物的数量，净化空气。例如，侧柏的枝叶能分泌可杀死痢疾、肺结核等病菌的杀菌素。绿地中植物群落的种类构成、冠层结构、林龄等影响绿地的杀菌抑菌效果。研究表明，疏林草坪的杀菌作用大于空旷草坪，叶量充足但又能保证冠下通风的复层群落结构的抑菌效果表现突出（褚泓阳 等，1995；任启文 等，2015）。

3.2.2.2 降低水体污染

水体污染是仅次于空气污染的第二大环境污染类型。常见的城市水体污染成分包括悬浮物、有机污染物、重金属、无机盐、富营养植物和致病性微生物等。这些污染物随着管道排放或自然冲刷、下渗进入城市水体与土壤，甚至会继续污染地下水。城市绿地中，地被层植物可以截滞地表径流，吸收、净化其中有害的污染物质等；树木的根系也可以吸收土壤水分中的溶解质，减少土壤水分中的细菌含量等。此外，城市中自然或人工水系、湿地里的许多水生和沼生植物可以通过根系和腐殖质一起吸附、吸收水中的重金属离子和过剩的有机化合物等。这些污染物进入植物体内后一些会通过植物的新陈代谢过程被利用，而另一些无法被植物代谢利用的污染物，有的会被分解或转化为毒性小的成分，或者被富集在某个特定的器官中。例如，芦苇、菖蒲、鸢尾、水葱等可以通过新陈代谢来吸收、净化水中的氯化物、有机氮、硫酸盐等，水葱还能净化水中酚类；而灯芯草、凤眼莲、浮萍、荇菜等则对水体中的重金属镉、铅、锌具有较强的富集效果。水生植物还具有减缓水流的作用，可促进水中悬浮物沉降并减少再悬浮。例如，种植沉水植物能有效降低生物性和非生物性悬浮物浓度，提高水体透明度。还有些水生植物会向水中释放化学物质，通过化感作用即抑制水体中浮游藻类的繁殖生长，来避免水体环境的富营养化。许多水生植物繁殖能力强，管理要求粗放，几乎不会给环境造成太多消耗负担。相较于其他工程治理手段，借助植物净化水体污染有着安全简单，绿色可持续的优点，可以极大地节省治理成本。

3.2.2.3 降低土壤污染

由于城市工业“三废”排放、城市垃圾填埋、污水灌溉、不合理施肥以及交通工具排放的尾气等原因，城市土壤污染问题普遍存在，尤其以重金属和农药污染最为严重。有些植物种类不仅可以在污染土壤上正常生长，还可以通过植物转化、挥发、富集、固定、降解等途径净化土壤污染物质。土壤中的有害污染物质，有些被植物通过枝叶分解物与根系分泌物固定并钝化，有些则可以被植物根系吸收。这些污染物进入植物体内后，一部分被代谢、过滤降低毒性，或转化为易挥发态，通过植物蒸腾及呼吸作用释放至大气中。另一部分不可被代谢、转化的重金属物质等，则被转运、富集在植物体内，可以通过人工修剪、采伐、刈割等处理手段清除。不仅如此，植物的根部等部位可以分泌出氨基酸、酶、糖等对于土壤有刺激性的物质，刺激、促进根周微生物的活性和生化反应，加速土壤污染物的降解。

与传统的物理、化学治理方式相比，利用植物修复城市土壤污染避免了大量的掘土工作和交通运输，成本低，更适合于大规模的应用，被认为是一种低投资、多功能、可持续且生态安全的途径。常用于土壤污染净化、修复的植物种类中紫花苜蓿、羽衣甘蓝、龙葵、东南景天、百日草、侧柏、菩提树等对镉的富集、积累效果好；剪股颖、夏至草、矮牵牛、黄杨、紫穗槐、垂枝榕等对铅的富集效果好；蜈蚣草、南洋杉可大量富集污染土壤中的砷、铅等重金属；凤凰木、夹竹桃分别对汞与铜的积累效果好。

3.2.3 保持水土

20世纪90年代以来，伴随我国城市化及新型城镇化的高速发展，水土流失问题成为城市发展面临的严峻挑战。严重的水土流失，会给城市带来众多的危害，如管道淤堵、水源污染、风沙扬尘、地质塌陷、生态环境恶化、生物多样性降低、资源衰退和环境受损等，直接威胁城市生态安全、防洪安全、饮水安全和财产安全等。城市绿地可以通过内部植物群落的冠层、枯枝落叶层及根系土壤层等共同作用，调节水量、净化水质，并提升土壤的抗蚀抗冲性能，进而实现城市的水土涵养。例如，深圳市通过一系列有效治理手段，成功将水土流失面积由1995年的184.99km^{2}降至2021年的59.57km^2（张文杰 等，2023）。利用城市绿地保持水土，可以有效节约城市水土的治理成本，进而实现间接的节能减排。

3.2.3.1 涵养水源

植物景观可以借助其林冠层、草本层、枯枝落叶层和根系土壤层与水相互作用，参与水文循环、调节水文过程，进而实现拦渗蓄积、径流调节、水质净化及河流补枯等功能。这种涵养功能贯穿于“降雨—植物—土壤”各方面，且受气候条件、降水情况、植物种类、植物物候等因素的共同影响，在水分的截留、渗透、蓄积及运移等方面表现出持续的变化。

不同的植物种类组成及不同的郁闭度都会影响植物群落的降雨再分配。常见的城市园林绿化树种中，油松、刺槐、白蜡和旱柳的持水能力较强，垂丝海棠、槐、元宝枫、‘紫叶’李和山楂的持水能力相对较低（蒋丽伟 等，2024）。叶面积指数与郁闭度越高、冠层越厚、三维绿量越大，植物群落冠层的截留能力越好（庞维华 等，2022）。因此，在实际的景观营建过程中，可结合实际景观设计需求，综合选择兼顾景观效果与水源涵养功能的植物进行景观营建，不仅可以确保有较好的景观效果与生态效益，而且可以充分发挥其对雨水的滞纳截留能力，减少场地地面雨水径流量，降低城市排水管网压力，助力城市内涝治理，提升城市生态韧性，实现间接节能减排。

枯枝落叶层同样具有水源涵养价值，主要表现为：阻截及吸持部分降水，削减雨滴动能，分散减少地表径流量，延长地表径流停滞时间，促进雨水下渗及土壤水分补充，借助覆盖减少土壤表层水分蒸发以及过滤地表径流中的杂质、泥沙等，从而净化水质。因此，在绿地中适当保留一定的枯落物对于水源涵养和降低管养成本是大有助益的，在一定程度上也能实现节能减排。

3.2.3.2 保护与改善土壤

除了前面提到的涵养水源的作用，绿地的植物景观对土壤也有一定的保护与改善作用。林冠层、草本层和枯落物层可以通过截留有效削减雨滴势能，降低雨滴对土壤的滴溅和侵蚀。同时，植被的根系不仅能缓慢影响土壤理化性质，改善土壤结构，促进土壤入渗性、持水能力和结构稳定性的增强，还可通过改善水稳性团粒含量和土壤孔隙状况等，增强土壤的入渗性，有效防止出现水土流失（李平 等，2020）。而植物的枯落物随着时间的推移会逐步分解形成大量有机质，混入土壤后可以有效提升土壤中有机质含量，增强土壤肥力，为植物的生长提供充足的养分，进一步提升植物群落的碳汇能力。

在城市绿地建设中，充分发挥城市绿地的水土保持功能，配合适当的养护管理手段，不仅可以有效平衡城市绿地建设与水土资源间的关系，还可以节约城市水土的治理成本，提升增汇减排效益，进而推动城市生态系统的可持续发展。

3.2.4 调节雨洪

城市雨洪的形成受到城市不透水建筑与路面等增加、排水系统不完善、自然消纳系统被破坏等因素的综合影响。大量的道路、广场、建筑物等不透水硬质表面增加，导致雨水无法自然渗透到地下，最终形成地表径流。当城市排水系统无法及时地将雨水排出城市时，雨水在城市内部积聚形成洪涝灾害。全球性气候变化加剧了气候系统的不稳定性，几十年一遇的极端天气变得愈发常见。尤其是极端降雨天气的增多，导致许多城市出现内涝问题。作为修复自然水循环的重要载体，城市绿地通过植物冠层与覆地截留雨水、减少城市地表暴雨径流，并通过根系增强土壤的固结性和保水性，减少土壤侵蚀和水土流失，是城市雨洪管理的重要载体。借助城市绿地调节城市雨洪，有助于减轻城市排水系统的压力，节约城市内涝、面污等的治理成本，间接降低了碳排放，有助于维护城市的水资源安全和生态平衡。

3.2.4.1 植物景观调节城市雨洪的机制

植物可以通过根系增加土壤的孔隙度和渗透性，促进雨水下渗，减少地表径流。

同时，植被覆盖可以增加地表的粗糙度，增加了雨水在地表流动时的阻力，从而减缓雨水流速，降低洪水的发生概率。植物和土壤的结合能够吸收和储存雨水，显著减少地表径流。绿地、草坪、花园等充当天然的“海绵体”，在雨后吸收大量水分，有效缓解下水道系统的压力。这种能力不仅减少了对城市排水系统的依赖，还有助于维持地下水位，从而保持生态平衡。此外，在河流和湖泊周围配置绿带可以作为天然的缓冲区，减少直接径流进入水体，从而减轻洪水风险。这些绿带不仅吸收和滞留雨水，还提供了生物多样性的栖息地，增强了生态系统的韧性和自我恢复能力。

3.2.4.2 绿色基础设施与城市雨洪管理

景观雨洪管理（landscape stormwater management，LSM）是参考大自然管理雨水的经验，通过设计和改造城市建成区来管理雨水。研究显示，城市绿地可以减少15%~80%的地表径流量（肖珍珍，2024），是有效且低影响的雨洪管理方式。雨水花园、城市树木、植草沟、地表传输、雨水种植池、植物屋顶和墙面等绿色基础设施可以有效拦截、收集雨水，增加渗透，减缓并过滤径流，减少洪水和紧急溢流，极大地减少治理的能源和药剂消耗，间接减少温室气体排放。

雨水花园是目前较为常见的绿地雨洪控制与雨水利用设施，即利用自然形成或人工挖掘的浅凹绿地汇聚来自屋顶或地面的雨水，并通过植物与人为干预等方式使雨水逐渐渗入土壤，达到雨洪管理的目的。这些雨水花园中常配置用于滞留地表雨水和净化污染物的植物，如菖蒲、千屈菜、马蔺等，利用植物的吸水能力和土壤的渗透性，减少水体污染，同时降低水处理的能耗和碳排放。生态植草沟是指种植植被的景观性地表沟渠排水系统，主要用于雨水前期处理和雨水运输，用以代替传统的沟渠排水系统，能够通过植被的滞留、过滤、吸附功能，减缓径流流速，去除径流中的污染物，同时利用弹性的排蓄空间降低雨水对城市排水造成的压力和污染。植草沟的设计往往不是单独的，而是依存于完整的排水体系。由于植草沟的储水能力有限，所以收集的雨水需要快速地排入储存能力更强的雨水管理设施，如蓄水池、雨水花园等。

3.2.4.3 节约治理成本实现间接减排

（1）减少基础设施投资

通过利用自然的雨水管理功能，城市可以减少对昂贵的雨水排放系统的依赖和扩建需求。传统的城市排水系统设计通常需要大量的地下管道、排水沟和泵站，这些设施不仅建设成本高，而且维护费用也极为昂贵。相反，通过增加城市绿地如公园、雨水花园和绿色屋顶，可以利用植物和土壤自然的吸水和滞水能力，减少雨水径流量，从而减轻传统排水系统的负担。例如，美国费城的“绿色城市，清洁水域”计划是一个典型案例，通过建设绿色基础设施，该市预计节省了约100亿美元的基础设施投资（陈炎，2017）。这种方法不仅提高了城市的可持续性，还减少了长期的经济负担。

（2）节能减排

通过综合运用雨水花园、生物滞留池、植草沟、海绵城市和低影响开发等策略和措施，可以最大程度地发挥植物景观在城市雨洪管理中的间接减排作用，助力城市的可持续发展。与传统的（灰色）雨洪管理系统相比，景观雨洪管理方法在建造成本上更低，而且能够充分利用更多的城市闲置空间，提供了大量地下管道所没有的额外效益，例如节约水和能源、缓解城市热岛效应、补充地下水、创造栖息地并保护生物多样性，甚至缓冲噪声等，为城市提供更低碳、更具适应性、更有吸引力和弹性的基础设施。

思考题

1. 城市绿地植被碳汇与自然森林碳汇有哪些异同？
2. 城市绿地植被通过哪些方式间接降低城市碳排放？

拓展阅读

1. 海绵城市建设评价标准（GB/T 51345—2018）. 中国建筑工业出版社，2019.

2. 海绵城市典型设施建设技术指引. 谢映霞等. 中国建筑工业出版社，2020.

3. 可持续雨洪管理——景观驱动的规划设计方法. 托马斯·立普坦，戴维·桑滕著. 罗蓉蓉，罗丹译. 中国建筑工业出版社，2021.

第4章 碳汇植物景观规划设计

本章提要

本章探讨如何通过科学合理的规划设计途径，利用绿地植物景观提升城市碳汇能力，强调了基于增汇减排效益提升的绿地植物景观规划设计应遵循的基本原则，并从绿地植被系统规划布局、植物选择和植物景观种植设计几个方面，系统介绍碳汇植物景观规划设计相关的知识。

在"双碳"战略目标引领下，如何通过科学合理的植物景观规划设计最大程度地发挥绿地植被的碳汇服务功能，已成为风景园林领域的重要任务。一方面，需要通过科学的树种选择与植物群落配置，提升其对CO_2的吸收、固定与存储效能，从而提升绿地植被整体的碳汇效率；另一方面，更应关注绿地植物全生命周期碳汇能力变化，考虑植物在不同生长阶段的自身碳吸收与养护管理消耗导致的碳排放之间的动态平衡。通过系统化的设计策略，不仅可以有效降低植物景观营建、养护、更新等环节的碳排放，还能充分激发植物群落的碳汇潜力，维持绿地植物碳汇功能的稳定性与可持续性，实现碳汇效益的长期优化。

4.1 基本原则

基于碳汇效益提升的植物景观规划设计的基本原则构成了规划设计的核心准则和思考框架，更是确保相关上位规划方案得以有效实施的关键所在，主要包括科学性原则、生态性原则、增汇减排协同原则、多重效益原则、可持续原则等方面。这些基本原则的遵循应当贯穿于规划设计全过程。

4.1.1　科学性原则

在开展以提高城市绿地碳汇为目标的植物景观规划设计时，设计师必须严格遵循基本的自然规律和科学方法，即所谓科学性原则。首先要做到因地制宜、适地适树。这是要求根据不同地区具体的气候条件、土壤类型、水文状况等自然因素和树木的生态学特性来综合考虑和选择适合的植物种类，强调树木的生长习性与栽植地点的生态条件适配，以确保树木能够成活与健壮生长，并更好地发挥碳汇服务和其他生态服务功能。例如，在气候干燥寒冷的北方，可以优先选择耐寒、耐旱的植物；而在气候湿润多雨的南方，喜温暖潮湿的植物是更好的选择。一般而言，不同地区原生的乡土植物通常能够更好地适应当地的气候与立地环境，具有更强的抗逆性和适应性。同时，某些外来植物在经过适当的引种试验和适应性评估后，也可能表现出良好的生长状态。因此，规划设计中应当深入研究立地条件和植物特性，优先考虑使用乡土植物，并在确保不会破坏当地生态平衡的前提下，合理地利用一些适合当地生态条件的外来植物，以增加物种多样性和景观的丰富性，实现生态、经济和景观效益的最大化。

4.1.2　生态性原则

基于碳汇效益提升的植物景观的规划设计还必须符合生态性原则。生态性原则强调尊重自然、顺应自然、保护自然。一方面，规划设计必须充分尊重每种植物各自的生态特征和生长习性，还应考虑各种植物之间、植物与土壤之间的生态关系。这意味着设计师在进行植物群落的搭配和布局时，必须深入了解群落中每种植物的生长周期、光照需求、水分要求等生物特性，以及它们与周围环境的相互作用。要根据具体的立地条件，选择与之相符合且生态习性或管理要求相近的植物共同组成群落，促进群落内各种植物之间、植物与土壤之间形成稳定的碳循环。避免同一个植物群落中，不同植物间因为过度竞争生态资源，影响健康生长，从而降低碳汇效率，甚至增加额外的养护管理碳排放。

另一方面，遵循生态性原则意味着植物景观需要营建与周围环境相协调、能够自我维持和健康更新的植被系统与植物群落。具体来说，不同地区的自然植被系统具有其各自独特的地带性植被风貌。这是由长期的环境自然选择与植物进化适应共同作用形成的基本特征。人工设计、建植的植物景观应该充分尊重并体现所在区域的地带性植被风貌特色，营造出与该地区自然环境相契合的植物景观。例如，在我国长江流域以南与西南地区，典型植被为由壳斗科、樟科、山茶科、木兰科、金缕梅科等组成的常绿阔叶林，华北地区则主要是由落叶栎类、桦属、杨属、椴属、槭属等落叶树种组成的落叶阔叶林风貌。这些地带性植被特征是在规划整体植物景观风貌时最重要的参考模板。

在此基础上，构建能够自我维持和更新的植物群落可以提升绿地植被的可持续碳汇服务效益，同时节省人工养护管理成本投入及减少碳排放。自然界中，植物群落具有自发更新演替的特征。不同于人为的干预或操控，植物群落的更新演替完全由植物群落内部的力量所驱动。这种演替不仅体现在植物种类的更替上，更在于群落结构和功能的持续优化。随着时间的推移，一些老旧、衰弱的植物个体逐渐被新萌发的植株取代，这种自然的“新陈代谢”保证了植物群落的持续繁荣。这意味着设计不仅要考虑当前的景观效果，还要考虑植物群落未来可能的发展趋势。可以借鉴自然界的植物群落构成结构，通过模拟自然演替的生态过程，选择具有较强适应性和繁殖能力的树种作为群落的基础，再逐渐引入不同树龄阶段的其他树种，构建具有自我更新和演替能力的植物群落。随着时间的推移，植物群落会在演替过程中不断优化其结构，逐渐形成结构合理、健康稳定的绿地植物群落，从而更有效地进行光合作用、固碳释氧，发挥长效、持久的碳汇服务与其他生态服务功能。

4.1.3 增汇减排协同原则

碳汇植物景观的规划设计一方面必须有提高绿地植被固碳增汇效益的策略，另一方面要尽可能地降低绿地在施工建植、养护管理与废弃处置等环节产生的能源消耗与碳排放，做到增汇减排协同。具体来说，合理地规划绿地布局，增加绿地内的植被覆盖，采用复层、异龄、混交的植物配置或增加垂直绿化等形式增加绿地绿量，可以有效地提升绿地植被的碳汇。优先考虑应用具有较高固碳增汇能力，并且养护管理难度较小的树种。这类植物通常具有强大的光合作用能力，能够更有效地吸收并固定大气中的CO_2。同时，它们的生态适应性与抗逆性强，能够较好地适应当地的气候条件和土壤环境，无论在栽植施工阶段，还是日常养护管理中，都能够极大地降低技术难度和节约成本，从而有效地控制因栽植与管护而产生的不必要的碳排放。此外，还要注意尽量避免使用大规格、名贵树种以及需要高强度养护管理的植株。这类植物虽然景观效果更佳，但大规格的植株通常树龄较大，一方面其光合作用本身已经在逐渐变弱，固碳效率低；另一方面，大规格植株在移栽时根系易受损，加之树体、土球都很大，栽植成活的难度大，整个起苗、运输和栽植过程中都需要消耗更多的能源、机械和人力，产生大量的碳排放。不仅如此，大规格苗木即使移栽成活了也需要经历很长时间的缓苗期，这个时期因为树势弱，很容易发生病虫害等问题，需要采取大量的养护管理措施，同样会产生碳排放。过多使用名贵树种以及需要高强度养护管理的树种亦不符合增汇减排协同的基本原则。

4.1.4 多重效益原则

植物可提供的服务功能是复合的。具体来说，植物除了可以通过光合作用固碳增汇，有效中和温室气体，还能为人类、鸟类、昆虫等提供食物、筑巢材料或栖息地，是维系生物多样性的重要保障；同时还能为城市居民提供乘凉、休憩的树荫，发挥疗愈作用、对自然的修复作用、对各类污染的净化作用、对城市的美化作用等，是多元且综合的。所以每一个针对植物景观的规划设计任务都应根据具体的需求对其目标功能进行评估、排序，协调这些功能效益间的关系，最终在设计中尽可能兼顾植物景观的综合、多重效益。如绿地中的植物除满足植物景观的高碳汇作用，一定还需要提升人体舒适性、美化环境。因此，选择植物时既要考虑它们固碳效率高、蓄积能力强，也要求其蒸腾、呼吸作用旺盛，还需要其具备良好的观赏效果，甚至食用功能等。考虑综合效益的提升，使得植物景观规划设计不仅是一项绿化工程，更是一项涉及生态、美学、社会、经济多个层面的综合性工程，需要在满足生态、社会和经济多个效益之间找到平衡点。

4.1.5　可持续原则

植物景观规划设计的对象是活体植物，从开始栽植到植物死亡，如果没有特殊情况，这些植物将在一个相对固定的环境内持续生长。草本植物寿命较短，通常只有一年或几年，有些木本植物的寿命可以长达几十年、几百年。因此，在规划设计中，我们不仅要考虑植物当前的碳吸收和景观效果，还要预见未来的生态环境变化，以及这些变化对植物群落和整个生态系统的影响，做好中期、远期规划，确保植物群落可以持续发挥碳汇与其他综合服务功能，即遵循可持续原则的关键。可持续原则在碳汇植物景观规划设计中有4个层面的内容：

①在宏观上协调绿地中的植物树龄结构，让绿地中的植物群落都可以持续、稳定地提供碳汇服务。

②在一定的时间内，监测城市碳源排放量、规模、位置变化，根据区域发展及碳排放变化特点将既有的绿色空间或绿地系统升级为碳汇网络，抵消城市碳源。

③合理安排绿地中游赏设施和植物更新的时间与节奏，使绿地自身碳排放稳定在合理范围。

④对于植物群落的衰老、环境恶化、病虫害或其他灾害侵扰等，应有长期管理、调整的意识，更高效地发挥碳汇植物景观的作用。

树木成活到形成群落并持续发挥作用是一个长期过程，因此植物景观规划设计不是一次性工作，而是一个需要动态调整的系统工作。总体上，基于碳汇效益可持续提升的植物景观规划设计需要科学分析场地（区域特征）、设定碳汇目标、制定相关策略、解决各种问题。它解决的不仅是植物栽植、搭配问题，还必须考虑建成后的植物生长与日常养护中可能出现的许多问题，难度大、复杂性高。因此针对不同设计尺度的植物景观规划设计任务，需要设计人员熟悉植物生态学、种群生态学、群落生态学、景观生态学的多方面的相关科学知识综合考虑，科学实施。

4.2　绿地规划布局

城市环境高度异质化、破碎化，绿地植被穿插其中为城市居民提供包括固碳增汇在内的诸多生态系统服务。科学合理地规划、布局城市绿地，可以从系统的角度配置各类城市绿地植被，从而优化其生态服务功能，最大化改善城市生态环境，提高人居环境品质。

4.2.1 增加城市绿地植被总量

城市绿地的碳增汇服务源自其内部植物本身的光合固碳作用。因此，城市维持碳氧平衡的好坏主要取决于城市绿地系统中植物的总量。城市绿地的碳储量、碳密度等都与绿地植被面积直接相关，绿地植被面积越大碳汇效益越大。因此，在城市碳中和建设的大背景下，提高城市绿地碳汇最为直接的规划重点在于增扩绿地植被系统的总面积、保障大型绿地的面积规模、提高植被覆盖率。通常面积规模较为大型的城市绿地植被斑块可以通过合理的空间布局，优化城市碳源碳汇的空间分布，从而达到增加城市碳汇的目的。例如，布局在城市中心区外围，位于城市上风向且面积规模较大的大型城市绿地，不仅可以为城市释氧固碳，还可以截留上风向空气污染源，为城市输送凉爽的空气。分散布置在城市下风向、靠近高碳排放的城市功能区周边的城市绿地则有助于专门中和临近的碳源。

但由于城市用地空间有限，一味追求增加大型绿地并不现实。因此在进行绿地系统规划时，可以通过充分利用城市受损山体、水体和废弃地等进行科学复绿；通过植树造林、湿地保护等措施，增加城市绿量；结合城市更新，推进“留白增绿”“拆违建绿”“见缝插绿”等，充分利用城市中各类条件允许的灰色基础设施拓展屋顶绿化、阳台绿化、墙面绿化、桥梁绿化等立体绿化空间，有效增加植被总量，不断增强城市生态系统碳汇能力。

4.2.2 协调城市碳源与碳汇地布局

城市中的工业区、交通枢纽、建筑工地以及人口密集的居住区、商业区等特定区域，由于高强度的活动和资源消耗，都是产生大量碳排放的碳源地。为了有效地中和这些区域产生的大量碳排放，需要精准识别这些碳源地的确切位置、占地规模以及实时的碳排放情况，结合实际情况有针对性地在其周边布置绿地植被以增加碳汇，尽可能高效集约地中和城市碳源的大量排放。例如，工业区周边环境中CO_2、重金属和有害气体的含量往往较高，通过种植光合固碳效率高、抗污染能力强的植物，吸收和净化工业生产过程中产生的大量温室气体和污染物，可以有效降低工业排放对环境的影响；火车站、汽车站或大型停车场等交通枢纽因车辆频繁的进出和停靠导致大量的尾气排放，在其附近规划并建设绿地，不仅能美化环境，更重要的是能够吸收并固定一部分空气中的CO_2和尾气污染，进而缓解交通拥堵所带来的空气污染聚集问题；商业区高楼大厦林立，地面空间相对有限，可以通过利用垂直空间推广屋顶绿化、墙面绿化等立体绿化方式，提高区域内绿化覆盖率，也能在一定程度上中和商业活动所产生的碳排放。

当然，仅仅在碳源地周边布置绿地植被还远远不够。为了实现高效集约的碳排放抵消，需要制定更为全面的策略，辅以一系列的综合措施。例如，可以推广使用清洁能源，减少化石燃料的使用；加强城市垃圾的分类与回收，促进资源的循环利用；提高市民的环保意识，鼓励居民选择低碳出行方式，如骑行、步行或乘坐公共交通等，通过这些措施更有效地抵消城市碳源的大量排放，建设绿色、低碳、可持续的城市环境。

4.2.3 留出城市通风廊道

通风廊道，作为城市规划布局中的重要组成结构，能够改善城市通风条件、缓解城市中高浓度的二氧化碳和空气污染问题，改善城市热岛效应等，从而节约城市的环境治理能耗，提升居民生活品质。通风廊道的构建与优化因此成为以增汇减排为目标的绿地规划布局中不可忽视的一环。

通风廊道的选址至关重要，需要建立在对城市的风向、风速以及地形地貌等进行深入分析和研究的基础上。通常，通风廊道可以选址在城市中靠近自然通风源的地方，同时尽可能避开高大建筑物和密集建筑群。湖泊、河流、山体、绿地等自然元素能够提供较为稳定的通风动力，促进城市空气流通；而密集的建筑会阻挡空气流通，形成通风死角。通风廊道的最佳走向是与城市主导风向基本保持平行。这样可以最大程度地保证空气顺畅地穿过城市，疏散污染物和热量。廊道的宽度一般要保证一定的尺寸才足以有效地引导气流。多数大城市和特大城市的主要通风廊道宽度大于150m，次级通风廊道宽度大于80m。以北京为例，一级通风廊道的宽度达到了500m以上。

借助廊道内部的绿地布局与植物配置让通风廊道保持高效的通风效果也是关键。在廊道中采用疏透的栽植形式，可以减少风阻，让空气能够更加顺畅地通过。在廊道中适当布局小型广场、草坪等必要的开敞空间，为市民提供活动场所，也可以进一步促进空气流通。此外，通风廊道的尽端处理也有利于保障通风效果。在廊道的尽端，可以设置开阔的绿地或水体，利用绿地和水体的降温作用，引导空气向更低温度的区域流动，从而形成更加有效的通风循环。

4.2.4 连通城市蓝绿生态网络

城市中的蓝色空间（如河流、湖泊、湿地等水体）和绿色空间（如公园、绿地、森林等植被）共同构成了城市蓝绿生态网络的基础。通过合理的规划和设计，将蓝绿空间有效连通，形成一个完整的网络系统，提高生态连通性。连通的城市蓝绿生态网络，有助于增加城市植被的总体面积和数量，提高城市的碳汇能力，同时可以优化城市内部的其他生态过程，如水分循环、空气净化、温度调节等。良好的水分循环有助于降低城市热岛效应、增强空气净化能力，从而减少大气中的污染物、改善空气质量等，减少能源消耗。这些生态过程对于维持城市生态平衡和提高碳汇能力具有重要意义。

在进行城市总体规划时，要结合城市的自然地貌、水文条件、气候特点等因素，优先对城市蓝绿生态空间进行整体规划统筹，加强对城市周边林地、草地、湿地等自然环境的保护和恢复，减少不必要的建设活动对蓝绿空间的侵占。通过建设生态廊道、绿道等，连通城市蓝绿生态网络，形成连续、完整的蓝绿网络布局。

总体上，通过增加绿地植被总量、构建城市通风廊道、连通蓝绿生态网络等，科学合理地规划城市绿地的总体布局，不仅能够有效提升城市的碳汇能力，节约城市能耗，为城市的碳中和目标贡献力量，还能为城市居民带来更加健康、舒适的生活环境，为城市的可持续发展提供强大的生态支撑。

4.3 植物种类选择

合理的植物种类选择是实现提高植物景观增汇减排效益的基础，主要需要考虑以下标准：高碳汇能力、间接减排效益及可持续低维护。此外，在植物景观规划设计实践中，植物种类的选择还需结合具体应用目的，对上述标准予以具体的权衡和综合考量。

4.3.1 高碳汇能力植物种类选择

植物通过光合作用吸收CO_2、释放O_2，实现固碳释氧的碳汇效益。高碳汇园林植物即固碳能力较强、能产生高碳汇效益，同时兼顾美观、文化及其他生态价值的植物种类。

不同植物种类的碳汇能力主要取决于其光合固碳效率，与叶面积指数、光合速率等功能性状及植物生活型（木本/草本、乔木/灌木、常绿/落叶）、植株规格（胸径、株高、冠幅等）等形态特征密切相关，具有更大叶面积、更高光合速率的植物种类一般呈现更高的碳汇效能（余春华，2023；和晓彤，2021）。木本植物即园林树木的碳汇能力整体上显著高于草本植物，且与灌木相比乔木的固碳能力相对更为突出。因此乔、灌木是城市绿地碳汇效益的主要提供者，也是高碳汇植物的主体构成。

植物碳汇能力的评价主要使用平均生物量法及同化量法。其中平均生物量法主要基于株高、胸径、冠幅、生物量等指标，结合含碳率参数获取植物个体的碳储存量，一般利用异速生长方程法进行计算；同化量法是通过光合仪测定植物瞬时光合速率，结合公式计算获取植物单位叶面积的日固碳量（张桂莲 等，2022；李蕊 等，2023）。由于植物碳储存量或固碳量的核算方法难以统一，在评价指标方面根据单位叶面积固碳量、单位土地面积固碳量、全株固碳量等不同指标测定的植物碳汇能力结果有所差异。植株处在的生长阶段和测定季节的不同也会影响同一树种碳汇效能的评价，因此目前对高碳汇植物的界定标准尚不甚清晰。整体上，光合作用旺盛、叶茂冠丰、生物量大、长势强劲、适应性强的乔木及部分灌木一般具有相对更高的碳汇能力。根据前人相关研究成果，我国不同地区的高碳汇园林植物（以木本为主）可参考表4-1所列。

表4-1 我国各地区高碳汇树种

地 区	省 市	气 候	树 种	参考文献
东北地区	黑龙江哈尔滨等地	中温带大陆性季风气候	乔木：银中杨、榆树、‘垂枝’榆、文冠果、糖槭、白桦、元宝枫、‘紫叶’李、‘金叶’榆、胡桃楸等； 灌木：黄刺玫、紫丁香、连翘、东北连翘、接骨木、榆叶梅、树锦鸡儿等	韩焕金，2005； 孙海燕、祝宁，2008； 郭杨，2016； 郭杨等，2022； 李海燕等，2018
	吉林长春等地		乔木：黄檗、水蜡、新疆杨、银白杨、梓树、山槐、蒙古栎、糖槭、云杉、加杨、胡桃楸、紫椴、文冠果、‘垂枝’榆、海棠果、山荆子、红花碧桃、稠李、东北李等； 灌木：白丁香、紫丁香、‘重瓣’榆叶梅、金银忍冬、胡枝子等	陈少鹏等，2012； 张丹，2015； 范春楠等，2016
	辽宁沈阳等地		乔木：银中杨、蒙古栎、槲树、落叶松、红松、云杉、光叶榉、悬铃木、合欢、榆树、白桦、元宝枫； 灌木：碧桃、榆叶梅等	陆贵巧等，2006； 于佳等，2015； 刘大卫等，2008； 张娜等，2015； 魏文俊等，2016
华北地区	内蒙古呼和浩特等地	中温带大陆性季风气候	乔木：槐、新疆杨、臭椿、油松、侧柏、垂柳等； 灌木：榆叶梅、紫丁香、连翘、叉子圆柏等	杨丽，2008； 王海燕，2011； 郝鑫杰等，2017
	北京	暖温带大陆性季风气候	乔木：毛白杨、槐、旱柳、洋白蜡、火炬树、栾树、悬铃木、蒙古栎、朴树、合欢、七叶树、臭椿、鹅掌楸、‘紫叶’李、柿树、山楂等； 灌木：紫薇、金银木、木槿、华北紫丁香、珍珠梅、连翘、胡枝子、迎春、大叶黄杨、金叶女贞等	代巍，2009； 王迪生，2009； 熊向艳等，2014； Wang et al.，2021； 张宇、王沛永，2023
	天津		乔木：毛白杨、新疆杨、旱柳、悬铃木、绒毛白蜡、槐、刺槐、加杨、蒙古栎、雪松、金叶梣叶槭、朴树、楸树、榆树、元宝枫、栾树、西府海棠等； 灌木：紫叶矮樱、榆叶梅、贴梗海棠、紫荆、黄刺玫、金叶女贞、金银木、大叶黄杨、丁香等	张晓光，2018； 汤红丽，2021
	山西太原等地		乔木：泡桐、臭椿、侧柏、‘黄金’槐、‘紫叶’李、紫叶矮樱等； 灌木：卫矛、丁香、小叶女贞、珍珠梅、连翘等	宋卓琴等，2018
华中地区	河南郑州等地	暖温带—北亚热带季风气候	乔木：悬铃木、银杏、槐、刺槐、楸树、雪松、旱柳、香樟、栾树、女贞、广玉兰、枫杨、毛白杨、‘107杨’、泡桐、银杏、楝树、‘紫叶’李、桂花、石楠、枇杷等； 灌木：榆叶梅、红叶石楠、小叶女贞、法国冬青、黄杨等	白保勋等，2017； 郭晖等，2017； 弓素梅，2019；
	湖北武汉等地	北亚热带季风气候	乔木：榉树、复羽叶栾树、悬铃木、香樟、广玉兰、桂花、枫杨、乌桕、喜树、无患子、垂柳、枇杷、重阳木等； 灌木：夹竹桃、火棘、木芙蓉等	史红文等，2011； 郑鹏等，2012； 王晓荣等，2023
	湖南长沙等地	中亚热带季风气候	乔木：香樟、复羽叶栾树、玉兰、二乔玉兰、桂花等； 灌木：紫荆、紫薇、火棘、红叶石楠、海桐、小叶女贞、红花檵木、洒金桃叶珊瑚等	陈月华等，2012； 朱燕青，2013

（续）

地　区	省　市	气　候	树　种	参考文献
华东地区	山东济南、青岛等地	暖温带季风气候	乔木：毛白杨、旱柳、悬铃木、刺槐、皂荚、楝树、女贞、日本晚樱、鸡爪槭、紫叶桃等； 灌木：火棘、石榴、丁香、紫荆、碧桃、榆叶梅、红瑞木、金银木、连翘、月季等	李想等，2008； 于宁、李海梅，2011； 于超群等，2016
	江苏南京、苏州等地	北亚热带季风气候	乔木：香樟、枫杨、槐、黄山栾树、无患子、榔榆、朴树、三角枫、黑胡桃、广玉兰、鹅掌楸、枫香、楝树、榉树、七叶树、喜树、朴树、香樟、玉兰、垂柳、重阳木、乌桕、桂花、女贞、枇杷、石楠、垂丝海棠、樱花等； 灌木：紫薇、白丁香、蜡梅、海桐、胡颓子、含笑、红叶石楠、石榴、紫荆、木槿、夹竹桃等	乔小菊，2018； 张蓉蓉，2018； 祝月茹等，2023； 余春华，2023； 蒋华伟等，2014； 李欣等，2014； 王秋艳等，2023
	安徽合肥等地		乔木：悬铃木、槐、黄山栾树、香樟、加杨、重阳木、枫杨、喜树、垂柳、日本晚樱、垂丝海棠等； 灌木：火棘、石楠、月季、木槿等	陶晓，2010； 丁正亮、胡小刚，2014； 姚侠妹等，2021
	浙江杭州等地	中亚热带季风气候	乔木：广玉兰、杉木、柏木、香樟、浙江樟、枫杨、榔榆、悬铃木、黄山栾树、枫香、朴树、乌桕、合欢、无患子、紫楠、刨花润楠、鹅掌楸、垂柳、石栎、青冈栎、无患子、乐昌含笑、深山含笑、木荷、玉兰、石楠、冬青、柿树、桂花、碧桃、女贞等； 灌木：红花檵木、海桐、枸骨、金叶女贞、黄刺玫、连翘、八角金盘、紫薇、阔叶十大功劳、小叶黄杨、含笑、花叶青木、贴梗海棠等	董延梅等，2013； 张娇等，2013； 董延梅，2014； 郭婷婷，2023
	上海		乔木：垂柳、糙叶树、乌桕、麻栎、喜树、黄连木、泡桐、胡桃楸、柿、杜仲、香樟、榔榆、重阳木、榉树、枫杨、广玉兰、女贞、桂花、冬青、石楠等； 灌木：醉鱼草、木芙蓉、木槿、紫荆、云锦杜鹃、八仙花、贴梗海棠、伞房决明、结香、云南黄馨、胡颓子、蜡梅、夹竹桃、蚊母等	王丽勉等，2007； 赵艳玲，2014； 薛雪等，2016； 罗玉兰等，2022
华东地区	江西赣南等地	中亚热带季风气候	乔木：杉木、细叶榄仁、人面子、美丽异木棉、小叶榕、香樟、广玉兰、玉蕊、鸡蛋花、荔枝等； 灌木：三角梅、扶桑、夹竹桃、山茶、小叶女贞、花叶艳山姜等	邓万军等，2022； 龙圣勇等，2022
	福建福州、厦门等地	南亚热带季风气候	乔木：异叶南洋杉、金心榕、垂榕、蒲葵、木荷、棕榈、华盛顿棕榈、杧果等； 灌木：苏铁、四川苏铁、叉叶苏铁、红花檵木、三角梅、黄蝉、海桐等	王忠君，2010； 郑素兰等，2015
	台湾		乔木：菩提树、小叶榕、垂叶榕、糖胶树、日本柳杉、台湾杉、秋枫、台湾相思、美丽异木棉、腊肠树、苦楝、香樟、紫檀、大叶桃花心木、小叶榄仁等	Wang，2011； Wang et al.，2012； Chen，2017； Wang et al.，2015； Yen et al.，2020

（续）

地 区	省 市	气 候	树 种	参考文献
华南地区	广东广州、深圳等地	南亚热带季风气候	乔木：大叶相思、红锥、木荷、灰木莲、荷木、乐昌含笑、红花荷、大叶榕、垂叶榕、马尾松、南酸枣、厚荚相思、马尾松、阴香、山杜英、香樟、秋枫、火力楠、猴欢喜、羊蹄甲、木棉、凤凰木、桉树、白兰、海南蒲桃、海枣等； 灌木：马缨丹、假连翘、黄叶榕、红桑、香港四照花、扶芳藤、扶桑、龙船花、夹竹桃等	林欣等，2014； 曹进等，2017； 林雯等，2019； 陈婷婷、鲍戈平，2016； 林玮等，2020
	广西南宁等地		乔木：人面子、羊蹄甲、杧果、榕树等	韦泰、宋书巧，2017
	海南海口、三亚等地	热带季风气候	乔木：细叶榕、高山榕、椰子、香榄、红树林（如秋茄）等 灌木：叶子花、朱槿、假连翘等	赵牧秋等，2013； 孙雨欣，2023
西北地区	陕西西安等地	暖温带大陆性季风气候	乔木：毛白杨、新疆杨、无患子、榉树、金钱松、香樟、雪松、悬铃木、银杏、杜仲、三角枫、五角枫、血皮槭、黄连木、槐、旱柳、女贞、紫玉兰、广玉兰、元宝枫、榆树、臭椿、侧柏、棕榈、苦楝、朴树、七叶树、山桃等； 灌木：贴梗海棠、丁香、卫矛、八角金盘、黄刺玫、山茱萸、桂花、十大功劳、木槿等	和晓彤，2021； 张博通，2021； 齐佳乐，2023； 马陆航，2023； 王晶懋等，2023
	甘肃兰州等地	中温带大陆性气候	乔木：云杉、祁连圆柏、日本落叶松、刺槐、北美海棠、西府海棠、碧桃、山楂、梨树、文冠果等； 灌木：榆叶梅、黄刺玫、苦水玫瑰、沙枣、红瑞木、‘红王子’锦带、木槿等	程然然等，2017； 田青，2021
	宁夏银川等地		乔木：山杨、灰榆等； 灌木：枸子、沙冬青、黄柳、拧条锦鸡儿、蒙古扁桃、蒙古莸等	季波等，2015
	青海	高原大陆性气候	乔木：青海云杉、祁连圆柏等	李娜等，2021
西北地区	新疆克拉玛依等地	中温带大陆性半荒漠气候	乔木：圆冠榆、白榆、大叶白蜡、小叶白蜡、刺槐、银新杨、新疆杨、胡杨、沙枣、馒头柳、杏、核桃等 灌木：柽柳、紫丁香、紫穗槐、柠条、沙棘等	李宏等，2011； 刘霞、刘杰，2013； 王伟等，2018
西南地区	重庆	中亚热带季风气候	乔木：垂柳、杜英、加杨、梧桐、复羽叶栾树、小叶榕、黄葛树、柳杉、木荷、香樟、桢楠等	王晓杰，2011； 王立，2013
	四川成都等地		乔木：榆树、银杏、木荷、皂荚、喜树、木兰、黄葛树、楠木、象牙红、‘龙爪’槐、刺槐、香樟、大叶樟、楝树、毛株、七叶树、栾树、杜仲、蓝花楹、梨树、垂柳、黑壳楠	谭霖，2022
	贵州贵阳等地		乔木：黄山栾树、黄皮树、香樟、杜仲、杉木、柳杉、马尾松等	贺红早等，2007
	云南昆明等地	亚热带—高原山地季风气候	乔木：香樟、广玉兰、小叶榕、蒲葵、‘紫叶’李； 灌木：假连翘、红叶石楠、八角金盘、小叶女贞、山茶、花叶青木	刘雪莲等，2016
	西藏林芝等地	高原温带半湿润季风气候	乔木：白柳、北京杨、藏川杨、刺槐、香花槐、龙爪槐、榆树、雪松、高山松、西藏箭竹、山樱、桃树、光核桃、苹果、山楂、裂叶蒙桑等	邢震，2014； 李丽丽，2021

4.3.2 高复合生态效益植物种类选择

全球气候变化背景下，高温热浪、干旱、洪涝等极端天气的发生频率及强度呈增加趋势，城市应对气候风险的紧迫性和资本、能源投入大大增加。园林植物可通过提供复合的生态服务功能降低城市应对气候变化的能耗成本，起到间接减排效果。

例如，冠大荫浓、叶量充量，蒸腾效率高的园林树木可通过蒸腾作用和树冠遮阴发挥降温增湿、改善小气候、缓解城市热岛、提高人体热舒适度的功能。在高温热浪发生频率及强度呈增加趋势的气候变化背景下，这一生态效益可有效减少人类生产生活对空调等制冷设施的依赖、减少电力能耗及碳排放，同时降低热射病等高温所致病症的发病率和相关医疗资源能耗。此外，园林植物作为海绵城市绿色基础设施的关键构成，在涵养水源、保持水土、蓄洪防涝等城市雨洪管理方面起到重要作用，滨海城市的红树林还可抵御海啸及风暴潮危害，是滨海地区应对气候变化影响的重要生态资源。

与主要依靠灰色基础设施进行热环境调节和雨洪调控的传统城市建设方式相比，借助园林植物生态效益落实基于自然的解决方案（nature-based solution，NbS）可有效降低化石能源消耗和二氧化碳排放，以低碳方式提高城市气候适应性。因而，基于增汇减排理念的园林植物选择，在充分考虑植物光合固碳能力的同时，也需综合考量植物在降温增湿、雨洪调蓄等方面的生态服务功能。应用综合生态服务价值较高的树种助益城市气候韧性提高，减少城市应对气候变化措施的碳排放（表4-2）。

表4-2 我国各地区高降温增湿效益树种名录

地　区	省　市	树　种	参考文献
东北地区	黑龙江哈尔滨等地	银中杨、榆树、白桦、‘紫叶’李、胡桃楸、文冠果、火炬树、榆树、绣线菊、黄刺玫、树锦鸡儿	孙海燕、祝宁，2008；郭杨等，2022
	吉林长春等地	梓树、‘重瓣’榆叶梅、文冠果、桃叶卫矛、紫丁香、红瑞木、山槐、垂枝榆、连翘、糖槭	陈少鹏等，2012
	辽宁沈阳、大连等地	银中杨、旱柳、大叶朴、榆树、白桦、榆叶梅	陆贵巧等，2006；佟潇、李雪，2010；李响，2014
华北地区	北京	旱柳、悬铃木、槐、刺槐、水曲柳、臭椿、洋白蜡、毛泡桐、构树、榆树、元宝枫、圆柏、白皮松、雪松、西府海棠、榆叶梅、碧桃、珍珠梅、紫薇、木槿、黄刺玫、月季、紫藤、连翘、大叶黄杨	陈自新等，1998；李永杰等，2007；吴菲等，2012；胡耀升等，2014；曹冰冰等，2016；殷亦佳等，2021
	天津	山桃、锦带、白蜡、紫荆、海棠、‘金叶’榆、榆叶梅、金叶女贞、悬铃木、山楂	李薪，2020
	河北保定等地	‘金枝’槐、紫叶矮樱、‘紫叶’李、紫叶碧桃	刘嘉君，2011
	山西太原等地	臭椿、泡桐、金叶榆、‘紫叶’李、卫矛、榆叶梅、小叶女贞、紫丁香	宋卓琴等，2018；康红梅等，2018

（续）

地区	省市	树种	参考文献
华中地区	河南信阳等地	玉兰、栀子花、小叶女贞、爬山虎	陈丽文等，2016
	湖北武汉等地	香樟、桂花、悬铃木、桑树、榉树、复羽叶栾、朴树、红叶石楠	邓永成等，2020
	湖南长沙等地	紫荆、小叶女贞、红叶石楠、海桐、石榴、木槿	朱燕青，2013
华东地区	山东青岛、日照等地	悬铃木、绦柳、乌桕、‘紫叶’稠李、美国红枫、三角槭、鸡爪槭、榆叶梅、‘紫叶’桃、金银木、红瑞木、火棘、连翘、月季、火棘、丁香	李想等，2008；于宁、李海梅，2011；杨莉娟，2016
	江苏苏州等地	榔榆、朴树、香樟、垂柳、枫香树、重阳木	王秋艳 等，2023
	上海	香樟、冬青、白玉兰、无患子、榉树、鹅掌楸、悬铃木、三角枫、重阳木、垂柳、喜树、乌桕、麻栎、臭椿、糙叶树、泡桐、杂种鹅掌楸、朴树、‘龙爪’槐、福建紫薇、石楠、‘紫叶’李、豆梨、碧桃、梅花、紫薇、海滨木槿、垂丝海棠、厚萼凌霄、紫荆、八仙花、贴梗海棠	高凯等，2007；莫健彬等，2007；汪成忠等，2009；邵永昌等，2015；薛雪等，2016
	安徽合肥等地	悬铃木、朴树、垂柳、香樟、‘紫叶’李、垂丝海棠、石楠、紫穗槐	姚侠妹等，2021
华南地区	广东广州、深圳等地	细叶榕、石栗、高山榕、白千层、美花红千层、朱槿、红花羊蹄甲、白兰、海桐、灰莉、木棉、秋枫、酒瓶椰子、毛果杜英、杧果、阴香、人面子、荔枝、海南红豆、扶桑、叶子花、夹竹桃、‘花叶’艳山姜、蜘蛛兰	杨士弘，1994；代色平、熊咏梅，2013；李江波等，2024
华南地区	广西南宁等地	苹婆、腊肠树、凤凰木、黄葛树、糖胶树、桃花心木、阴香、朱槿、人面子、叶子花、羊蹄甲	韦泰、宋书巧，2017；黄秋燕等，2023
	海南三亚等地	高山榕、大叶相思、印度榕、菩提树、马占相思	贺立静等，2016
西北地区	新疆克拉玛依等地	大叶白蜡、小叶白蜡、白榆、圆冠榆、黄金树	刘霞、刘杰，2013
	陕西西安等地	悬铃木、七叶树、梧桐、银杏、栾树	杨雪岩等，2022
	宁夏银川等地	云杉、槐、旱柳	宋丽华、黄秋燕，2011
	甘肃兰州等地	天目琼花、醉鱼草、大叶醉鱼草、‘金叶’红瑞木	廖伟彪等，2010
西南地区	云南昆明等地	苹婆、阴香、腊肠树、杧果、凤凰木、云南樟、香樟、小叶女贞、天竺葵、‘紫叶’李	冯程程等，2015；杨建欣等，2023
	四川成都等地	垂柳、山杜英、水杉、天竺葵、黄葛树、木芙蓉、‘龙爪’槐、‘紫叶’李、贴梗海棠、海栀子	刘维东等，2012；张艳丽等，2013

4.3.3 低维护植物种类选择

可持续和低维护（sustainability and low-maintenance）是降低绿地养护管理碳足迹、提高长期碳汇效益的重要植物选择原则，一方面要通过优先应用气候适应性植物及乡土树种提高园林植物的整体气候韧性，降低管理维护成本；另一方面要考虑兼顾近期、远期碳汇效益的需求，合理搭配应用速生树种与慢生树种。

（1）根据当地气候与当地条件，选择高适应性树种

针对气候变化对植物生长适应的负面影响，提高园林植物的气候韧性可有效保障城市绿地的增汇减排效益。对此，应根据地域及城市气候特征选择对当地水热条件具有较强适应性的植物种类，同时优先考虑对当地极端天气、病虫害等环境胁迫具有较强抗逆性的树种。应用对当地气候适应性较强的植物，可在很大程度上保障园林树木健康、维持整体长势，使植物能充分发挥固碳释氧等生态系统服务功能，进而提升城市植被的碳汇潜能及景观生态可持续性。另外，可减少树势衰弱、植株病死等问题的发生及植物越冬越夏的防护需求，降低相关养护管理工作的人力物力投入和碳足迹。

考虑到乡土植物经长期演化已对当地气候等生态环境特征的充分适应，应尤其注重乡土植物资源的挖掘与园林应用，合理规划乡土树种与外来树种比例。外来植物引种时还应基于物种分布模型及气候生态位等理论，审慎选择对引种地气候条件具有潜在适应性的植物种类，并通过引种试验根据树种的具体适应性表现做进一步筛选，避免在城市绿地中大量应用具有较高气候不适应风险的边缘树种。

（2）速生树种与慢生树种结合，兼顾近远期碳汇效益

速生树种和慢生树种在光合固碳效能方面各有优势。处于幼龄或壮龄期的植株，速生树种的固碳能力往往明显高于慢生树种；而随树龄增长，慢生树种会通过提高生物量和木材密度增加碳储效率（Shimamoto et al.，2014）。在城市绿地营建过程中，一方面，从快速实现固碳效益和景观效果的要求出发，需应用一定的速生树种；另一方面，考虑到植物景观与绿地生态的可持续性，慢生及长寿树种在树木生长阶段后期，尤其更长生命周期年份内实现的碳汇效益也是不容小觑的。

同时，虽然速生树种表现出十分突出的碳汇效能，但其生态功能的发挥容易受到其生长模式的限制。速生树种的生命周期较短，进入衰老期后树势及生态功能会显著下降，往往需要大量集中更换；同时速生树种的木材密度较低、木质部较疏松，导致其枝干韧性较差，遇大风、干旱等极端天气时，容易遭受损伤。上述因素导致在相同时间周期内速生树种的更换频率明显高于慢生树种，而在树木集中更换过程中会产生大量碳排放。针对此问题，合理应用慢生树种可有效降低园林树木的整体更换频率、减少相关养护管理流程的碳足迹。

因此，在植物景观营建中，需根据城市绿地具体功能定位与需求合理规划速生树种和慢生树种的应用比例，兼顾好园林植物的近、远期碳汇效益。

（3）注重自生植物应用，实现景观低维护

自生植物指可自播繁衍、自然定居生长、无需过多养护管理的植物群体，发挥着生物多样性支撑等重要的生态功能（李晓鹏、董丽，2020）。其在近自然景观营造中的应用日益广泛，已成为节约型和生态友好型园林建设中的重要植物资源。

近年来，近自然种植成为城市园林绿化，尤其是草本植物景观营造的新兴理念，即基于生态学原理运用模拟自然的手法进行有机组合种植，形成稳定植物群落的种植设计。这种设计方式注重提高群落景观与功能稳定性、降低养护管理成本与能耗，营造绿色低碳、低维护可持续的近自然景观。自生植物是此类低维护景观的重要植物材料。目前国内自生植物资源的开发与园林应用尚在探索，委陵菜、二月蓝、活血丹等自生草本在北京园林地被绿化中得到了很好的推广，过路黄、马蹄金、红花酢浆草、蝴蝶花等自生植物也已被大量应用于华中和华东地区的园林绿化。未来更多兼具生态及观赏价值的自生植物有望在低碳低维护的城市植物景观营造中发挥作用（表4-3）。

表4-3　我国各地区具有园林应用潜力的自生植物名录

地　区		自生植物	参考文献
东北地区	黑龙江、辽宁等地	萹蓄、朝天委陵菜、三叶委陵菜、紫花地丁、早开堇菜、马唐、披碱草、鼠掌老鹳草、打碗花、附地菜、老鹳草、地肤、天蓝苜蓿、蛇床、蒲公英、夏至草、繁缕、挂金灯	柴晋，2023；申沛鑫等，2024
华北地区	北京等地	蛇莓、萹蓄、求米草、少花米口袋、唐松草、蒲公英、鼠掌老鹳草、田旋花、夏至草、鹅绒藤、地肤、紫苜蓿、天门冬、地黄、牻牛儿苗、委陵菜、茜草、铁线莲、翅果菊、通泉草、龙葵	王阔，2014；李晓鹏、董丽，2020；张梦园等，2022；徐幼榕等，2023；任斌斌等，2023；张丽丽等，2024
西北地区	陕西等地	紫花地丁、龙葵、萝藦、马兰、乌蔹莓、蒲公英、蛇莓、野菊、马唐、米口袋、鹅肠菜、附地菜、酢浆草、黄鹌菜、老鹳草、泥胡菜、茜草、旋覆花	薛登高，2023；刘江楠，2023；陈炳榕等，2024
华东地区	江苏、浙江、安徽等地	蒲公英、紫云英、黄鹌菜、翅果菊、蛇莓、马鞭草、翠雀、地榆、接骨草、峨参、积雪草、珊瑚菜、旱伞草、花叶水葱、野菊、垂果南芥、蹄盖蕨、蜘蛛抱蛋、鸭跖草、画眉草	许维强，2015；王冰玉，2023；杨芳，2023；刘瑞悦等，2023；刘倩等，2024
华中地区	河南、湖北等地	野慈姑、具芒碎米莎草、蛇莓、糙叶黄芪、龙葵、牛筋草、画眉草、夏至草、益母草、黄鹌菜、地黄、毛茛、二月蓝、野大豆、鹅绒藤、知风草、夏至草、水葱	尤其，2023；蒋慧茜，2023；田常炜，2023
华南地区	广东、广西、福建等地	毛茛、丁香蓼、龙葵、翅果菊、野菊、一点红、紫花地丁、半边莲、紫云英、黄鹌菜、韩信草、马兰、泥花草、酢浆草、通泉草、积雪草、碎米荠、千金藤、井栏边草、千里光	王云霄等，2021；郑焯玲等，2021；邱园等，2022；谢婉丽等，2024；陈程，2023；纪宝林、罗应华，2024；潘妮等，2024
	海南等地	夜香牛、丰花草、三点金、黄鹌菜、升马唐、一点红、叶下珠、积雪草、决明、黄花草、厚藤、单叶蔓荆、海南茄、荷莲豆草、匍枝栓果菊、美冠兰	范秋云等，2024

4.4 植物景观种植设计

在绿地植物景观营建的过程中，种植设计是至关重要的一环。种植设计需准确回应上位植物景观规划，通过科学合理的树种选择、规格搭配与群落布局提高植物群落的固碳增汇能力，同时尽可能多地协同提高其他生态服务功能，助力节能降碳，甚至推动公众低碳生活共识的普及等，都是碳汇植物景观种植设计环节的重要工作内容。

4.4.1 种植设计对规划的响应

城市环境中碳源地排放的温室气体从高浓度向低浓度扩散，并同时随着城市常年风向扩散。绿地及植物群落对此可以起到“碳引导+碳降速”作用，即以植物群落引导空气流动或植物体扰动形成空气涡旋发挥作用。因此，规划阶段一般会针对绿地周边碳源地的位置与排放规律、城市的主要风向等因素，对绿地内部的固碳型林地群落进行相应的位置布局。目的是当绿地周围碳源地排放的二氧化碳或有害气体等顺着城市风向靠近绿地植被后，绿地内部的密林空间、疏林空间等多种栽植结构有助于引导空气流动方向，同时让空气流动速度降低，延长绿地植被的固碳时间。例如，在面向碳源位置的迎风方向，增加高大乔木冠层拦截温室气体，并留出一定的风道引导空气流动进入群落内部，同时在群落内部栽植叶量饱满的乔灌木，有效提升绿地对温室气体的吸收、固定效果等。

4.4.2 高碳汇植物群落种植设计

通过设计手段提升群落的碳汇效益，构建稳定、高效能的植物群落，同时提升群落的其他综合生态效益是城市绿地植物群落种植设计的关键。如上节所述，不同树种之间固碳增汇的能力有所差异，在进行种植设计时一方面需要合理利用植物间的相互关系，丰富植物群落层次以促进其光合作用，提升植物群落整体碳汇能力，从而达到尽快积累生物量的目标；另一方面，需要对场地环境进行必要的改良优化，减少植物与环境适应过程的碳排放及能量消耗，促进植物群落稳定性及多样性的形成，进而发挥其多重生态效益。

4.4.2.1 场地栽植条件的优化

种植场地的立地条件对植物生长的影响非常大，植物栽植后是否可以存活与健康生长，都与栽植地的立地条件是否适配该植物的生长习性密切相关。只有当植物在其所在生境中充分适应并健康生长时，方能发挥较好的固碳增汇服务。因此，种植设计过程中要注重对场地条件的综合评估与改良优化。

在对场地立地条件进行科学调研、监测与评估后，可以将场地分为目标植物适宜生长区域、植物可存活区域、不宜栽植区域。适宜生长区域立地条件较好，可直接进行栽植；可存活区域与不宜栽植区域立地条件均存在不同程度的不适宜性，需要在进行必要的改良优化之后方可进行植株栽植。比如在控制、减少碳排放量的前提下以生态方式对土壤进行改良，调整其酸碱度、有机质含量等指标，使用人工合成的种植基质或低碳方法改良的土壤进行客土置换。对栽植区域的坡度进行合理调整（降低径流速度并增加下渗），将降水或灌溉水更高效地引导至植物栽植区域，以增加绿地的水分的利用率，降低能耗。

当然，如果场地环境条件极差，如城市棕地、废弃地等修复、改造场地，植物选择与种植设计会受到较大的限制。此时，抗性强、修复力强的先锋植物类型是更好的选择。借助先锋植物的自然生长来改善环境条件，并在未来的群落更新过程中逐渐引导植物群落向高碳汇群落的方向演替发展。环境改变过程尽可能交给自然过程，是有效减少碳排放、促进碳汇的合理思路。

4.4.2.2 提升绿地植物群落的固碳能力和生物量积累

基于碳汇效益提升的植物景观种植设计的核心思路是提高植物群落整体的光合固碳能力，同时提升植物群落在单位时间内的生物量积累。这主要涉及植物选择、群落结构构建以及种植密度配置等方面。在植物选择上，应优先考虑固碳效率高且适应性强的植物种类。这类植物通常具有强大的光合作用能力，能够有效地吸收并固定大气中的二氧化碳。在充分考虑植物种间搭配关系的基础上，将更多具有较高光合固碳能力的不同树种搭配种植形成群落，有助于提高植物群落整体的光合固碳效率。在群落结构的构建上，应注重形成多层次、多物种的植物群落。通过搭配乔木、灌木和地被等不同层次的植物，以增加群落的叶面积指数，从而提高光合作用效率和固碳量。同时，合理配置群落内不同植物间的栽植位置与组合形式，尽可能让所有植株都能最大化光能利用率，有助于提高植物群落整体的光合固碳效率。在实际应用中，可以根据具体需求和场景选择不同的种植设计方式。株间混交或组团式混交的水平配置方式通过充分利用不同树种和植株之间彼此在获取光能资源方面的互补性，构建具有更高固碳效率的植物群落。而行列式、规则式的林带设计则通常更适合用于城市或园区的周边绿化项目。这种栽植方式可以形成良好的风屏效应改善局地小气候环境，在后期的建植施工和养护管理中也更加便捷，有助于节约成本与能耗，降低园林碳排放。合理控制植物植株之间的栽植密度是绝对不能忽略的。在有限的空间中栽植更多的植株，看似提高了单位土地面积上的植物叶片数量，进而可以积累更多的生物量。但事实上，当种植密度过高，树冠之间的遮蔽导致植物叶片无法更好地接受光照，狭小的生长空间也将限制植物的正常生长，这些都将不利于植物群落长远的固碳效率提高与生物量积累。适当的种植密度可以确保植物能够充分捕获光能，同时避免过度竞争导致的生长抑制。

此外，在生物量积累方面，不同植物种类之间的平均碳密度是不一样的。碳密度越大的树种，植物体内含的有机物质越多、质量越大，相互组合搭配构成群落之后在单位土地面积上积累的生物量越大，即储存的碳量越大。因此，从提高群落总体生物量的角度来看，理想的高碳汇植物群落一般具有复层、混交的木本群落特征。在林下补充布置低矮的草本或木本地被植物，也是在单位土地面积上提升群落生物量的有效方法。

4.4.2.3 构建健康可持续的植物群落

高碳汇植物群落的构建必须考虑植物群落是否能够维持健康、稳定，以便持续地提供碳汇服务功能。近年来，模拟自然生态系统中的植物组合与群落结构，强调植物之间生态位互补的近自然植物群落日益受到关注。近自然植物群落一般具有复层、混交、异龄的特点，由高大的乔木、中层的灌木以及低矮的草本植物共同构成了一个多层次的空间结构。多树种混交的群落中，各树种的生态习性和所需的管护方式最好比较接近，比如某些深根性乔木与浅根性灌木的根系深度不同，因此地下营养空间不会相互干扰、竞争；再如，把习性强健、生命力旺盛、管理粗放的植物种植在一起，而把对环境敏感、需要细致管理的植物种植在一起。把管理需求相似的树种栽植在一起，才能在维护和管理时尽量避免产生额外的碳排放。

此外，由于群落中植物的生长速度和年龄结构对于其是否能够健康演替，并且提供可持续的碳汇等生态服务功能影响很大，因此，构建异龄群落的重点内容在于处理速生树与慢生树以及不同树龄规格树木的搭配比例方面。通常，速生树以其快速的生长速度在短期内可以为群落带来显著的生态效益。但速生树种一般生长周期较短，随着时间的推移，其固碳效率会明显地下降。一些老化严重或死亡的植株在移除的过程中还会产生大量的碳排放。与速生树相比，慢生树生长缓慢，在种植初期可能无法像速生树那样迅速形成绿色覆盖，但慢生树寿命更长，是群落能够长期、可持续固碳增汇的保障。因此，高碳汇的植物群落需要根据不同环境和设计目标来确定速生树和慢生树的搭配比例，在需要快速形成绿色覆盖的区域，可以适当增加速生树的比例；而在追求长期稳定固碳的区域，则应增加慢生树的比例。通过灵活的搭配实现短期和长期固碳的平衡。除了速生树与慢长树的搭配外，组合不同树龄规格的树木也是构建健康稳定可持续植物群落的关键。植物在幼年期生长迅速，光合固碳的效率高，会在较短的时间内迅速积累生物量；生长至壮年期，光合固碳能力达到峰值，树冠饱满、枝叶量大，植株的总体固碳量大且稳定；壮年期结束逐渐进入衰老期之后，植株的固碳效率将明显下降。因此，以青、壮龄苗木搭配组合形成的异龄群落不仅有助于未来群落自然演替，也可以让植物群落更加可持续地发挥其碳汇生态服务功能。

4.4.2.4 提升植物群落的生物多样性

植物群落可以由单一树种构成，也可以由多种植物种类共同构成。群落的生物多样性高意味着群落中包含了更多种类的植物，可以形成更加复杂稳定的物质与能量循环关系。这些植物可能具有不同的生长习性和固碳能力，多样化的植物种类可以更充分地利用光能、水分和营养物质，从而有助于整个群落内植物的生长和固碳能力的提升。同时，面对气候变化和环境波动，生物多样性高的植物群落具有更强的稳定性和适应能力。这种适应性可以帮助群落在不同环境条件下保持稳定的固碳增汇效益，还可以提升其他生态系统服务，如空气净化、水土保持、生物多样性支持等，这些服务间接支持了植物群落的固碳增汇功能。因此高碳汇的群落种植设计应注重在优势种的基础上尽可能地丰富树种类型，优化种植层次，促成多种植物间形成稳定的能量循环状态，提升植物群落整体的固碳效能。

4.4.3 通过种植设计降低碳排放

通过种植设计降低碳排放既包括控制植物群落全生命周期碳排放，也包括通过增强植物群落的间接减排降碳效益降低城市碳排放。

4.4.3.1 降低植物群落全生命周期碳排放

由于城市绿地中的植物群落主要通过人工设计、建植及后期持续的养护管理形成，这一系列过程中，难以避免会产生一定的人为碳排放。因此在种植设计之初，应该从长远的角度考虑如何配置植物群落，尽可能地降低其后期苗木采购、运输、建植施工和养护管理等环节中的碳排放。比如，在进行群落树种搭配和苗木规格设计时，应该考虑所选植物种类与规格的苗木产地距离，避免选择与场地生境条件差异过大、运输距离过远的苗源地，以降低定植过程中苗木运输、机械施工等过程的碳排放，同时就近选用的苗木其环境适应及自身恢复更快，也能适当减少植物恢复期产生的碳排放。设计时还要重点考虑未来养护管理过程中不可避免的人工碳排放。选择搭配养护管理容易的乡土树种，进行科学合理的配置，控制植物栽植的密度、进行地被覆盖保护等，都可以进行针对性的降碳设计。

4.4.3.2 增强植物群落的间接减排降碳效益

通过合理的种植设计构建植物群落，不仅能够直接固碳增汇，还能通过其间接效益，为城市降温遮阴、净化空气与水体、改善土壤、调节雨洪等，为节能减排作出重要贡献。

以提升群落降温遮阴功能为目标的植物群落，可以构建以高大乔木为主的复层群落，同时在群落中适当增加叶片宽大、气孔多的阔叶树种比例。这是因为高大阔叶乔木叶量大，有更多的叶片可以进行蒸腾吸热。同时复层群落茂密的冠层能够在炎炎烈日下，阻挡大部分阳光，也为地面投下大面积的阴影，有效降低地表温度。以提升群落空气净化功能为目标的植物群落，则需要针对具体的目标空气污染物进行不同的种植设计。以阻滞、吸附、过滤空气中较大粒径的粗颗粒物污染为目标时，群落配置应增加枝叶茂密、叶片质地较硬或叶表具有茸毛、突起、褶皱或可以分泌黏液的树种用量，在垂直结构上采用复层配置，进一步增加群落对于空气中携带的粗颗粒物的拦截、阻滞；为吸收、稀释空气中如$PM_{2.5}$甚至更小粒径的颗粒物，以及二氧化碳、氮氧化合物等有毒有害气体为目标时，植物群落的配置需要增加叶量，提供更多的气孔吸收污染气体，但也要注意群落冠层的配置不可过于致密，过于茂密的冠层会减缓空气流动，仿佛一个“钟罩”罩住了污染气体，反而不利于污染气体尽快向大气上层扩散、稀释。可见，科学合理的栽植密度与层次结构配置至关重要。不仅如此，以净化土壤、水体为目标的群落，需要根据具体的目标污染物进行相应的树种选择与群落配置。而以涵养城市水土、调节城市雨洪为目标的植物群落，应在树种选择时重点考虑植物的根系与冠层特点，利用乔灌草复层的群落通过其树冠和根系系统，更有效地固定土壤和吸收雨水。同时，这样的植物群落还要与城市的排水系统紧密结合，通过合理的地形设计和植被布局，引导雨水自然渗透和净化。

4.4.4 通过种植设计形成低碳生活共识

绿地是居民休闲、游憩、感受自然的重要场所，但对于绿地的碳汇功能，植物在其中的相关作用目前仍然未能被社会公众广泛了解。只有公众全面了解植物碳汇对城市的重要意义，才能进一步凝聚共识，推动形成绿色、低碳生活的潮流。因此，绿地空间、植物环境应具备自我维持的群落生命力，能真正在城市中展现接近自然的环境特征，吸引公众将更多游憩休闲活动安排在绿地中进行，降低在建筑中生活的碳排放；还应全方位构建林荫街道空间与慢行体系，给人们的出行提供绿色保障与福利，让更多居民放弃乘车、选择低碳的交通方式；通过公众科普、智慧体验、知识传递、碳积分设计、社区植物共建维护等多样的绿地开放活动吸引公众参与（图4-1）。

图4-1 结合绿地植物景观的碳中和知识科普

（来源：https://m.gmw.cn/toutiao/2024-07/16/content_1303793172.htm）

总体上，通过种植设计引导、凝聚公众低碳生活的共识，进一步降低生活碳排放，加强公众对植物碳汇的理解、宣传与维护，形成可持续的、与生活融合的长期设计。

思考题

1. 碳汇植物景观规划设计应遵循哪些基本原则，与一般的植物景观规划设计有何区别？
2. 什么是植物群落全生命周期？
3. 种植设计是碳汇植物景观营建中至关重要的一环，主要包含哪些内容？

拓展阅读

1. 中国生态系统碳汇功能提升的技术途径：基于自然解决方案. 于贵瑞，朱剑兴，徐丽等. 中国科学院院刊，2022，37（4）：490-501.
2. 试论低碳植物景观设计和营造. 包志毅，马婕婷. 中国园林，2011，27（1）：7-10.
3. 城市和社区可持续发展　低碳发展水平评价导则（GB/T 41152—2021）.
4. 低碳与城市园林. 涂秋风. 中国建筑工业出版社. 2012.
5. 设计结合自然. 伊恩·伦诺克斯·麦克哈格. 天津大学出版社，1992.
6. 城乡蓝绿空间生命周期碳足迹评价. 郑曦，杨俊宴. 中国林业出版社，2024.

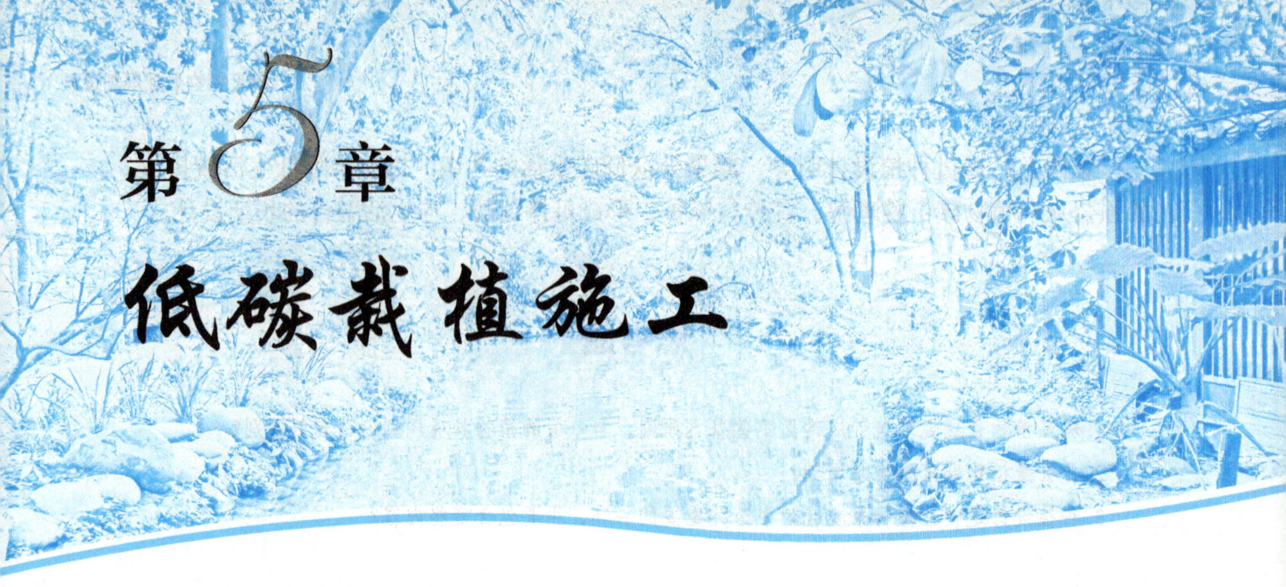

第5章 低碳栽植施工

本章提要

在绿地的施工建设过程中，由于人类活动和环境等多种影响因素共同驱动，常不可避免地产生一定的二氧化碳排放。本章主要介绍如何融入低碳理念，在施工设计、苗木与其他辅材、土壤改良、种植工程和缓苗期养护等栽植施工阶段，通过选择低碳环保的材料、优化栽植施工的工艺、提高建植过程中的能源利用效率等，尽可能减少绿化栽植施工过程中产生的碳排放。

绿地植物景观的规划设计方案确定后，接下来要进入的营建流程是园林绿化的栽植施工工程。随着施工技术与新材料的不断发展，现代栽植施工以机械化施工为主，各类先进的机械设备投入大大提高了施工效率，提升了施工质量，缩短了施工周期，但是也不可避免地造成能源消耗，产生了大量碳排放。如果不能很好地控制园林绿化在施工建植与后续养护管理（后文叙述）过程中产生的碳排放，园林绿地可能难以如预期成为城市生态系统中的碳汇，反而会成为碳源。因此，低碳建植是植物景观营建过程中的重要内容。

低碳建植，又称低碳栽植施工，是指在绿化栽植工程的施工与维护等过程中遵循低碳理念、使用环保节约型材料、提高材料利用率、优化栽植施工和缓苗期管护工艺、提高施工组织管理效率等，尽可能节约资源、减少碳排放、降低对环境和生态系统的负面影响。低碳栽植施工不仅有助于保护生态系统和改善环境质量，也为可持续发展提供重要支持。在未来园林绿地营造实践中，低碳栽植施工的理念将变得越来越重要。

5.1 施工设计

施工设计阶段是园林绿化工程低碳施工的起点，是对前期设计方案在落地实施前最后一道细化、把控与检查的技术环节，尤其应融入低碳建植施工理念，在施工前和施工过程中有效地解决传统园林绿化设计与施工过程中的负面影响。具体包含：在施工图设计阶段再次复核所选择植物是否能适应项目所在地的气候与土壤条件，同时，重点检查苗木选用的规格是否科学合理，如不合理应及时在施工图设计阶段予以修改变更，以避免因植物选择不当或使用超规格、大规格苗导致苗木在栽植后由于生长不适、成活困难而大批量地出现健康问题甚至死亡现象，造成资源浪费和成本提高。此外，也可以在施工图设计阶段规定使用更多的可再生、可循环利用的栽植辅材和低碳建植技术，最大程度地控制后续栽植施工过程中可能产生的资源浪费与能源消耗，降低工程碳排放。

5.2 苗木与其他辅材准备

5.2.1 苗木采购与运输

目前在园林绿地使用的植物材料大部分由苗圃中生产或者从其他地方挖掘、搬运进场。园林植物材料的生产、挖掘、包装、吊装、运输等过程均会消耗能源并相应地产生碳排放（包志毅、马婕婷，2011），合理的材料来源选择以及统筹安排运输工作可以减少该过程中产生的碳排放。

5.2.1.1 优质苗木采购

优质苗木是园林绿化工程低碳建植的材料基础。首先，在进行苗木采购时，苗源地与应用地之间的距离不宜过远，应当在项目地周边就近的苗圃选择苗源。尽量优先选择本地和就近的苗圃产出的乡土植物，若本地苗木材料缺乏，再考虑距离应用地较远的苗圃所产出的苗木材料。这主要是因为本地与就近地苗圃繁育的苗木或引进后在本地苗圃驯化后的苗木对于本地气候和土壤条件的适应性更强，成活率更高。此外，就近买苗可以避免苗木的长途调运，不仅能够保证苗木随起随种以提高成活率，还能极大节省苗木在长途运输过程中的运输成本，尤其是在苗木需求数量较大时，苗木能够更快地从苗圃到达施工现场，减少因长时间运输导致的苗木损耗和车辆碳排放。

其次，苗木采购阶段必须遵照施工设计图纸，保证苗木的质量与规格，如果进场苗木本身生长势弱，可能会极大增加栽植后苗木死亡的风险，造成返工浪费。通常健康优质的苗木指苗木生长健壮、长势旺盛，具体表现为冠型丰满，无明显偏冠、缺冠问题，叶片颜色正常，无明显虫孔、卷蔫、萎黄、枯黄或坏死等问题，同时枝干壮实、分枝形态自然、比例适度，生长枝节间比例匀称；根系发育良好，无病虫害、无生理性伤害和机械损害等；通过嫁接繁殖的苗木接口必须完全愈合，接口平整、牢固。

最后，苗木采购时还要注意苗木的土球质量。裸根苗需保留护心土，原冠苗木、珍贵苗木、特大苗木和不易成活苗木以及有其他特殊质量要求的苗木应带土球掘苗。土球过小容易在运输过程中伤及植物根系，但若携带的土球过大，后续在苗圃挖掘、交通运输与进场栽植时都会产生不必要的成本投入，消耗更多的能源与资源进而产生碳排放。通常，苗木的土球直径、土球高度和裸根苗的根幅应符合表5-1标准。超大规格裸根苗木的根系、冠幅应依据实际情况进行调整。

表5-1　苗木土球与裸根苗的根幅标准

类　型	土球直径	土球高度	裸根苗的根幅
乔　木	地径的6~8倍或 胸径的8~10倍	深根性树种:土球直径的4/5以上 浅根性树种:土球直径的3/5以上	胸径的8～10倍
灌　木	冠幅的1/3~2/3	土球直径的3/5以上	冠幅的1/2～2/3
棕　榈	地径的2~5倍	土球直径的2/3以上	地径的3～6倍
竹　类	竹类土球完整，竹鞭两端各不少于1个芽眼		
草本花卉	土球直径不低于10cm，高度不低于冠幅的3/4		
草坪草	草坪块最小规格为30cm×30cm，土层厚度≥10cm		

5.2.1.2　苗木起挖与装运

苗木材料在起挖和装运过程中的机械与交通碳排放也是需要重点关注的内容。如今大部分的苗圃都配备专门的苗木起挖器具。近年来园林器械与资材不断发展，采用轻型能源驱动的机械器具能更好地降低碳排放。优化苗木起挖工艺，也能在一定程度上避免不必要的能源与资材消耗。一般苗木材料起挖时间宜在立春至立夏以及秋分至大雪时间段，随起随栽，尽量避开开花期。落叶树在休眠期起挖更适合使用裸根法，在生长期起挖与反季节移植时则最好采用带土球法，常绿树木一般采用带土球法。同时，带土球的苗木起挖应保证土壤湿润和土球完整，若起挖前土壤干燥，则需要在起挖前1~2天浇透水，若土壤过湿，则需要排水。

在低碳理念下，苗木运输过程中应合理规划大型机械的使用，合理安排运输时间和路线，减少运输过程中的碳排放。苗木装运前必须仔细核对苗木的品种、规格、数量和质量。装运时需要随挖随运，运输时间宜选择早晨或者傍晚，避开正午时段；运输裸根植物时须保持根部湿润，运输带土球植物时应将绳束绑扎于土球下端。树苗到达后应迅速卸载，裸根苗若干燥可浸水恢复，土球苗则需妥善处理以保护土球。苗木若无法立即种植，裸根苗需及时假植并监测土壤湿度，带土球苗则需喷水或覆盖保湿材料，这些措施都是为了确保苗木健康并减少不必要的资源浪费和碳排放。

5.2.2 其他栽植辅材

园林绿化在栽植施工过程中经常需要运用支撑、牵拉等栽植辅材。可以优先选用木材、竹材、植物纤维等天然有机物制成的栽植辅材，因为它们都属于可再生的生物基材料，具有良好的生物降解性和可持续性，对环境的影响较小。其次，未来低碳建植施工中应当更进一步推广应用再生木材、再生石材、再生混凝土、回收金属、园林绿废等循环再生材料。这些材料由废旧材料或回收材料制成，可使资源循环利用，减少了建筑垃圾的产生，有助于降低碳排放。最后，栽植施工过程中的能源与其他材料也建议使用太阳能、生物质能源和低污染环保材料，最大限度地降低对环境的影响与能源的消耗。

5.3 土壤改良

绿地土壤质量直接影响植物的生长和绿化工程的效果，进而影响植物的碳汇水平以及后期养护中的碳排放。同时，土壤碳汇是碳循环的重要组成部分，也是实现碳汇减排的重要途径之一。唯有健康的土壤方能发挥最大的固碳能力。城市土壤多有养分流失、营养结构差、理化性质不佳、受污染严重等问题，既不利于植物生长，也严重影响土壤碳汇的稳定性和可持续性。因此，在栽植前进行土壤改良，是园林绿化建植施工过程中极为重要的工作内容。以往的园林绿化工程中对土壤的重视程度不够。近年来，随着“双碳”战略目标的提出，人们逐渐认识到土壤碳汇的重要性，越来越重视加强土壤改良。

一般，在开始土壤改良之前，需先进行土壤检测以便准确地判断栽植地土壤的基本情况。对于未达到栽植施工标准的土壤，强调低碳理念的土壤改良技术主要侧重于采取适当的改良技术提高土壤肥力和促进土壤健康，提高土壤固碳能力，以支持低碳园林和土地的可持续利用，同时要注重资源的节约与高效利用，减少高能耗工具和方法的使用，尽可能地降低过程中产生的能源消耗和碳排放，实现环境效益最大化和碳排放量最小化。

5.3.1 土壤理化性质改良

良好的土壤结构与性质是植物正常生长的前提。在种植施工前，疏松土壤有助于提高土壤的通气性，利于水分和养分的渗透和吸收，并有助于加快土壤中的微生物活动和有机质的降解，促进土壤固碳。但要注意松土使用的工具设备应选用低能耗或电动的机具，同时合理安排作业，避免过度作业导致土壤结构破坏和能源浪费（图5-1）。

此外，可通过添加土壤改良剂与生物炭来调节和改善土壤性状。根据土壤检测结果添加合适的珍珠岩、蛭石、土壤凝聚剂、生物炭等土壤改良剂（表5-2），有利于改

图5-1　疏松土壤

善土壤孔隙结构，调节土壤酸碱度，提高土壤保水保肥能力。但在添加过程中，要准确控制用量，避免浪费，同时注意优先使用环保型、可生物降解的产品。这些土壤改良剂在充分发挥改良土壤作用后，能够在土壤微生物的作用下逐渐分解，不会在土壤中长期残留，以减少对土壤生态环境的潜在危害。

生物炭是一种由生物质在缺氧或低氧条件下热解产生的碳质材料，它具有高度的稳定性和丰富的孔隙结构，施用生物炭不仅能改善土壤结构，增加土壤的保水性和保肥性，提高土壤的pH值，减少养分流失，同时还能增强土壤对重金属和有机污染物的吸附能力。

表5-2　常见土壤改良剂分类

<table>
<tr><th colspan="4">土壤改良剂</th></tr>
<tr><td rowspan="5">天然改良剂</td><td rowspan="2">无机物料</td><td>天然矿物</td><td>石灰石、膨润土、石膏、蛭石、珍珠岩等</td></tr>
<tr><td>无机固体废弃物</td><td>粉煤灰等</td></tr>
<tr><td rowspan="3">有机物料</td><td>有机质物料</td><td>泥炭、炭等</td></tr>
<tr><td>有机固体废弃物</td><td>造纸污泥、作物秸秆、豆科绿肥、畜禽粪便、符合检疫要求的城市污水污泥、城市生活垃圾等</td></tr>
<tr><td>天然提取高分子化合物</td><td>多糖、纤维素、树脂胶、丹宁酸、腐殖酸、木质素等</td></tr>
<tr><td>人工合成改良剂</td><td colspan="3">聚丙烯酰胺、聚乙烯醇、聚乙二醇、脲醛树脂等</td></tr>
<tr><td>天然合成共聚物改良剂</td><td colspan="3">腐殖酸-聚丙烯酸、纤维素-丙烯酰胺、淀粉-丙烯酰胺/丙烯腈、沸石/凹凸棒石-丙烯酰胺、硫化木质素-醋酸乙烯等</td></tr>
<tr><td>生物改良剂</td><td colspan="3">生物控制剂、微生物接种菌、菌根、好氧堆肥茶、蚯蚓等</td></tr>
</table>

5.3.2　土壤肥力提升

近年来，随着低碳建植理念的不断发展，利用充分腐熟的堆肥和园林绿化废弃物的再生产品、绿肥植物及沼渣等被广泛认可为一种促进生态循环和资源可持续利用的土壤肥力改良方法。堆肥是利用各种有机废弃物在微生物的作用下发酵而成的有机肥料（图5-2）。将堆肥施入土壤中，可以增加土壤中的有机质含量，促进土壤碳的积累（李磊，2021）。同时，堆肥中的微生物在土壤中活动，可以分解土壤中的难溶性养分，将其转化为植物可吸收的形态。植物落叶、枝干等园林绿化废弃物中富含有机质，经过高温发酵堆肥处理后可以制备成为有机肥料或基质。这些有机物质在微生物作用下也可转化为可供植物吸收的营养物质，从而提供养料、高效保肥，实现园林绿化的可持续物质循环。

适当地提前施以菌根菌剂、根际促生菌剂以及生物修复菌剂等微生物菌剂，有助于将空气中的氮气转化为氨，为未来植物的生长提供氮素营养。另外可以提高土壤中磷、钾等元素的有效性，减少化学磷肥和钾肥的使用量。此外，在使用微生物肥料时，要保证适宜的温度和湿度条件，确保微生物的活性，同时要避免与化学农药同时施用，以免影响微生物的生存和功能发挥。

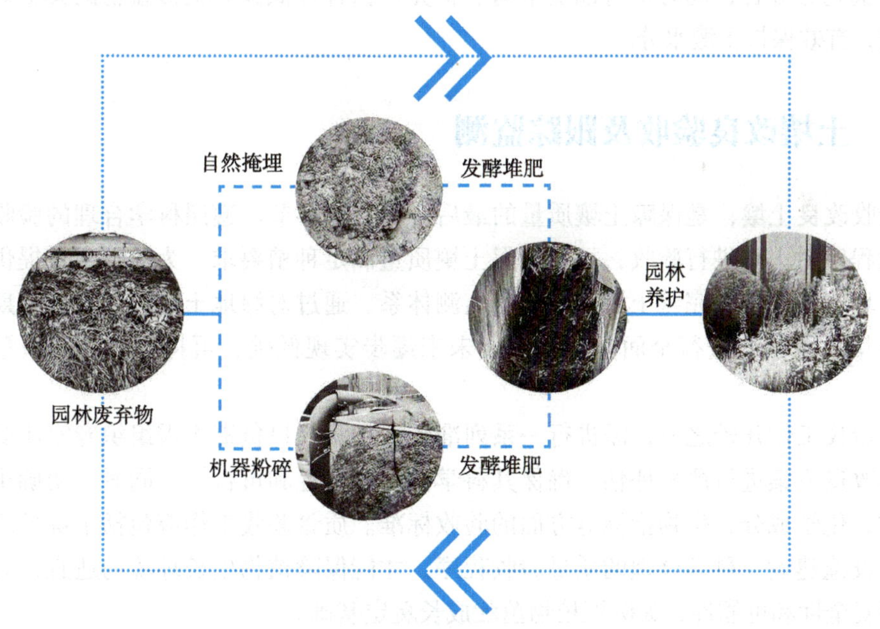

图5-2　园林废弃物堆肥

5.3.3　土壤污染修复

城市土壤相比自然界中的土壤更易受到工业“三废”、城市垃圾、污水灌溉、农药、不合理施肥以及交通工具排放的尾气等污染源的污染，施工栽植前，如检测到土壤中已存在污染，一般可以针对具体的污染物质采取不同的修复手段。例如，重金属污染可以利用电场作用促使土壤中的污染物迁移到电极附近，然后进行收集处理。也可以使用雨水、中水或一些表面活性剂溶液等各种淋洗剂，将土壤中的污染物洗脱出来。但需注意这些污染治理手段都必须注意使用高效节能且对环境友好的设备与材料，同时要优化操作过程，提高操作效率并注意后续的回收处理，以节能降耗，减少碳排放，降低对环境的负面影响。

5.3.4 客土改良

客土改良即剥离原来不适宜植物生长的被污染或不良的原土，回填满足绿化种植的标准土壤的改良方法。回填客土时，最好可以就地取材、就近施工，选择城市周边的农田表层土或山地土，或者一些符合检测条件的可持续土源作为客土，这样可以大大降低运输成本和能源消耗。同时，本地土源在土壤质地、酸碱度等理化性质方面更适合本地的生态环境，有利于后续植物的生长和土壤生态系统的恢复。在用量上，要根据土壤改良的目标和现有土壤的状况，准确计算客土的添加量。添加量过少可能达不到改良效果，添加量过多则会造成资源浪费和不必要的运输碳排放。添加客土后，要将土壤混合均匀，可采用机械搅拌或人工翻耕等方式，结合适当的灌溉，确保客土与原土壤充分混合，同时也可加盖木屑、稻壳、秸秆等低碳有机覆盖物助其更好地恢复稳定，有效保持土壤水分。

5.3.5 土壤改良验收及跟踪监测

验收改良土壤，是保障土壤质量的最后一步重要环节。遵照科学合理的验收标准及验收程序对土壤进行验收，可以确保土壤质量满足种植要求，为植物生长提供良好的土壤环境。此外，完善土壤质量动态监测体系，通过对绿地土壤质量开展长期的监测对土壤质量状况进行全面掌握，以便未来逐步实现低碳、可持续的土壤质量管理目标。

在验收工作开始之前，需进行一系列准备工作。项目负责人需组织专家团队对绿地土壤改良方案进行严格评估，确保其科学性、合理性和可行性。同时，明确土壤物理性质、化学成分、生物指标等方面的验收标准。质量验收工作应包括土壤处理和附属配套设施建设。科学合理的质量验收程序，才能保障植物生长环境的适宜性和附属设施的安全性和可靠性，为碳汇植物茁壮成长奠定基础。

改良土壤的验收工作完成后，需要进行持续性追踪监测以保持土壤质量的长期稳定。监测指标包含土壤酸碱度、有机质含量、含水量、透气性等。通过跟踪监测，可以准确掌握植物生长状况和土壤质量变化。在条件允许的情况下，可以建立土壤质量监测数据库，保存和分析数据，实施动态监测，及时发现问题并采取措施，保障土壤固碳能力及植物碳汇能力。

5.4　种植工程

待场地土壤与苗木条件等都准备妥当后，即可进行栽植施工。为保证植物的顺利成活、最大程度发挥固碳作用，栽植施工过程中要注重统筹安排，合理规划，尽可能做到资源循环利用。以往的栽植施工过程中常产生大量坏苗、死苗及废弃物，同时出现能源消耗过度的状况，无形中提高了种植施工过程中的碳排放量。近年来，随着工业技术和新能源开发的不断成熟，低碳施工技术和工艺越来越多地运用在种植施工中，施工过程中的碳排放量得到了明显控制。

5.4.1　进场前准备

栽植施工之前要预先进行入场前的准备工作，一般包括：拟订施工计划与场地整理等。

编订施工计划是为了以绿色低碳理念更加科学合理地统筹安排施工，将低碳举措和工艺合理地穿插在工程施工的各个环节当中。例如，合理安排机械使用时间、选用电力、氢能源作为动力的新能源工程机械等有助于降低栽植施工中的碳排放。在进场施工之前应与相关部门确定好工程施工中各个时间节点和竣工日期，以此来控制工程施工的进度，避免由于工期延后和工时延长带来的额外碳排放。

场地整理工作主要包括：根据设计意图提前整理微地形，清理场地、回填客土等。微地形整理应当尽量保证场地内的土方平衡，根据设计意图和场地现状因地制宜地对地形进行整理，并合理组织大、中型园林机械的施工时间，以减少场地整理环节中的碳排放量。整地过程中还要清除原始土壤中的不良土壤、杂质和建筑废弃物等，适当改良土壤并覆盖和填充合适的客土。适当的客土回填工程可以在很大程度上保证苗木栽植的成活率，大幅降低因苗木损耗所带来的碳排放。对于场地中的废弃物，则可以适当二次利用、填埋或运出处理，做到废弃物的低碳处理。

5.4.2　挖穴栽树

树穴开挖需依据苗木规格并考虑土壤质地和排水情况来确定树穴大小。确定合理的挖穴规格可以避免穴坑过大造成的土方浪费，也能防止穴坑过小影响苗木生长，从而减少后期因苗木生长不良而进行的二次移栽等操作，降低不必要的碳排放。树穴开挖时可以手工与机械挖穴相结合。数量较少、规格较小的苗木挖穴可以采用手工挖穴。手工挖穴虽然速度相对较慢，但可以更精准地控制穴坑的大小和形状，减少对周围土壤的扰动。而对于大规模的苗木种植工程，如大型公园建设或者道路绿化等，可以使用小型挖掘机等机械设备进行挖穴。在选择机械设备时，应优先选用电动或燃油效率高的设备，以减少能源消耗和温室气体排放。同时，要合理规划机械作业路线，避免重复挖掘和不必要的机械空转，提高作业效率。

苗木栽植时应着重提高苗木成活率并减少种植损耗，以便减少在整个栽植过程中的碳排放量。首先，根据苗木生长习性和当地气候条件，选择合适的栽植时间和方法可以提高苗木的成活率，减少因苗木死亡而进行的补种。一般落叶乔木和灌木适合在春季萌芽前或者秋季落叶后进行栽植。春季气温逐渐回升，土壤开始解冻，苗木根系在这个时候开始生长，此时栽植有利于苗木的成活。秋季落叶后，苗木地上部分生长缓慢，养分逐渐向根部积累，此时栽植可以让苗木在冬季来临前有一定的时间恢复根系生长，增强抗寒能力。常绿苗木则更适合在春季或者雨季进行栽植。春季气温适宜，常绿苗木可以在生长季开始时适应新环境。而雨季时空气湿度和土壤湿度都比较大，有利于苗木根系的生长和对水分的吸收。其次，植物因生态习性的不同，对自然环境的适应性也不同。在进行栽植之前，要先清楚地了解每个植株的生长发育特性，再根据其特性决定栽植技术，这样才能更好地提高植株成活率，降低资源的耗费，减少养护的成本，从而降低排碳量。常绿树种和裸根栽植不易成活的植物种类适合采用带土球栽植。而大多数的落叶树种和常绿树种的幼苗多采用裸根栽植的方法，这些植物生根能力较强，即便在裸根状态下也能迅速恢复并生长出新的根系。

苗木种植成活的关键是维持和恢复树体以水分代谢为主的平衡，在移植过程中要尽量减少损伤根系和树木失水，定植填土至一半时，需浇一次透水，让土壤与根系充分接触，然后继续填土并踏实，促使被切断的树木根系尽快萌生新根，从而提高移栽成活率，保障植物的碳汇能力。

5.5 缓苗期养护

5.5.1 灌溉管理

对于处在缓苗期的绿化苗木，灌溉管理至关重要。节水灌溉是低碳园林的基本要求，可优先采用滴灌和微喷灌系统。滴灌以滴头缓慢输水至根部，微喷灌模拟降雨均匀洒在苗木上，相比大水漫灌，两者节水效果显著，且所需压力小，能显著降低能源消耗和碳排放。同时，充分收集利用雨水，也可一定程度上减少绿化管护对市政供水依赖及相关碳排放；有条件时还可利用水质达标的中水，进一步节约水资源。当前园林智慧管理技术得到了长足发展。将灌溉设备精准放置于距地表20~30cm处，苗木根系周围，此处是苗木根系的集中分布区。借助土壤湿度传感器，依据不同苗木需水特性设好灌溉方案避免过度浇水，以此减少水资源浪费。

5.5.2 施肥管理

施肥管理对于苗木缓苗期的健康生长同样影响巨大。精准施肥首先要在缓苗期开始前对土壤进行肥力检测，分析氮、磷、钾等主要养分及有机质含量，再结合苗木的实际养分需求制订精确的施肥方案，如新栽植观花苗木在土壤氮肥不足时一般会针对性地补施适量氮肥，要注意杜绝盲目施肥，降低肥料浪费与土壤污染风险。其次，优化施肥方式，优先选用有机肥，如堆肥、厩肥和绿肥等。它们既能提供养分，又能改良土壤结构，增强土壤保水保肥能力。以乔木缓苗期施用堆肥为例，有机肥缓慢释放养分满足苗木长期需求，且生产、使用碳排放低。必要时也可适量使用缓效化肥，如包膜复合肥，减少肥料淋溶损失，提高利用率。施肥时可以采用穴施或沟施的局部施肥方法，针对较大苗木，在树冠投影边缘挖20~30cm深的施肥穴或沟，让肥料靠近根系，提高吸收效率，减少用量。同时避免高温时段施肥，选在清晨或傍晚进行，防止肥料挥发损失与高温伤根，确保施肥效果最大化。

5.5.3 病虫害防治

病虫害防治是保障苗木顺利度过缓苗期的重要防线。病虫害防治方法很多，但在低碳养护管理理念下物理防治、生物防治等对环境影响较小，是更加可持续的防治方式。物理防治方法多样且环保，对于金龟子、天牛等易发现的大型害虫，养护人员需定期巡查，手动清除害虫；同时可以设置诱捕装置，如利用糖、醋、酒和水按比例混合制成的糖醋液诱捕果蝇，利用黑光灯依据害虫趋光性捕杀蛾类害虫，这些方法不依赖化学农药，能有效减少农药生产、使用带来的碳排放与环境污染。防虫网的使用也颇为有效，对于花卉幼苗等易受害苗木，覆盖防虫网能阻隔害虫接触，起到物理隔离作用，且防虫网可重复使用，有利于降低防护成本与农药使用导致的碳排放。生物防治同样不可或缺，引入天敌昆虫是常用手段，如为防治蚜虫引入瓢虫，通过营造自然生态平衡控制害虫数量，减少化学农药依赖。当然，极为必要时也可以谨慎选用一定的生物农药，如苏云金芽孢杆菌制剂可防治鳞翅目害虫，其污染小、残留期短、生产相对低碳，使用时应严格按说明书要求操作，避免过量。

5.5.4 修剪与支撑管理

修剪与支撑管理对于苗木缓苗效果的影响较大。其中，修剪的目的在于降低新栽苗木的水分蒸发与养分消耗，促进成活生长。一般，新栽苗木的修剪遵循“去弱留强、去密留疏”原则，如落叶乔木新栽植时剪掉病枝、枯枝与过密枝条，保留主干和主要侧枝，利于树形培养与恢复；常绿苗木也要适当修剪部分枝叶，以减少蒸腾。将修剪下的枝条粉碎制成有机覆盖物覆盖根部，可以保墒抑草，减少资源浪费。当然，也可推广以抗蒸腾剂为主体的免修剪栽植技术，尽量保留枝叶。

支撑管理方面，尽量选择可回收、可重复使用的支撑材料，如金属支架或防腐木制支架等。高大乔木采用三角或四角支撑，固定在地面并用绳索或固定带连接主干与支架，以确保苗木稳定性，防止倒伏。对于支撑好的新栽苗木，要定期检查生长情况，待苗木根系稳定能自行支撑时，及时拆除支撑，一般乔木缓苗期过后1~2年拆除支撑。拆除后妥善保管材料以便再利用，减少资源消耗与碳排放。

思考题

如何实现绿地植物景观群落的低碳建植？

拓展阅读

1. 园林绿化苗木生产与标准. 沈联民. 浙江科学技术出版社. 2005.
2. 风景园林工程. 孟兆祯. 中国林业出版社. 2012.
3. 景观生态学（第2版）. 肖笃宁. 科学出版社. 2010.

第6章

植物景观低碳养护管理

本章提要

绿地植物景观重在规划建设，难在维护管理。由于大量人工干预，绿地植物景观的日常养护管理过程中不可避免地会产生持续的碳排放。本章从节水灌溉、科学施肥、病虫害防治、自生植物保护与利用、枯落层保护与利用、智慧园林管理6个方面，介绍植物景观低碳养管维护的相关理论与知识要点。

俗话说，园林绿地“三分栽、七分养”。园林绿化养护管理的对象主要是绿地中的植物景观，养护管理过程中灌溉用水、施用肥料与杀虫剂、机械修剪、绿色废弃物清理等环节均会产生不同程度的机械能源、材料与人工方面的碳排放。贯彻低碳理念，最大限度地节约各种资源，提高资源使用效率，减少资源消耗和浪费，从而降低园林绿化因日常养护管理措施产生的不必要碳排放，即低碳、节约型养护管理，作为绿色发展理念在园林绿化领域的具体实践，是当前我国园林绿化大力倡导的方向。

6.1　节水灌溉

园林灌溉的目的是当降水不足以维持园林植物的健康生长时，人为向园林植物提供所需的补充水量。从提高植物碳汇的角度看，植物的细胞组成和光合作用都需要水分的参与，水分是有机质产生的原材料。但是过度增加水分并不能起到持续提升生产力的目的，比较潮湿的森林气候中，生产力上升到平稳阶段后不再升高。由此可见，植物群落的需水量有上限，超过上限后产生水资源浪费，反而产生更大的碳排放。因此，科学有效的节水灌溉至关重要，即用最少的水量、最低频次和最少管理能耗维持植物旺盛生产力的低碳灌溉管理措施。

6.1.1 精准灌溉

植物对水的需求、消耗和利用总是处在动态变化中。具体表现在：首先，植物在不同生长阶段对水的需求量、消耗量不同。植物在幼年阶段快速生长，对水的需求及消耗较大，到了成年期，生长速度逐渐减缓，对水的需求增量也随之趋于平稳。其次，不同季节，植物对灌溉的需求也不尽相同。例如，在充分供水条件下，有些植物属于四季均衡耗水型；但也有些植物，如元宝枫属于春季耗水型，金丝柳、白皮松、油松等则属于夏季耗水型。一般北方冬季落叶树叶片脱落进入休眠后，对水分的需求会明显降低。最后，快速生长中的植物甚至在一天当中的不同时段里，需水和耗水的情况都有明显差异，研究表明，植物体内的茎流在清晨启动并迅速增加，至午间达到峰值，傍晚时又降至低值，夜间植物体内的茎流一般平稳并保持在较低水平（魏敏，2011），具有非常规律性的特点。总体上，以节水为前提的灌溉应做到动态管理、精准灌溉，从而最大限度地降低能源消耗。

精准灌溉是一项系统工程，它不仅要满足减少灌溉水量消耗、降低灌溉管道敷设量，还需要结合植物的需水量、土壤水分情况、气候变化和水资源供给量等因素，采用合适的技术和方法进行管理。一方面，实施精准灌溉的前提是，需要充分掌握当地降水、流域、气温、蒸发量、日照、冻土深度，场地内土壤的类型、厚度、容重、持水率、入渗率、坡度以及水源位置、压力、用水变化等灌溉条件，以及植物群落的分布、植物的种类、位置及其相应的需水量等。掌握了这些基本信息后，才能对人工灌溉的用水分区、管线密度、管径结构、出水设施及覆盖范围等进行合理的设计，达到以最低的水消耗量支持群落正常生长的要求。另一方面，节水灌溉需要充分应用相应的技术设备。例如，在以喷灌头为主要出水设备的基础上，在喷头规格上进一步改善出水强度、射流形态、喷射方向等参数，让喷射强度小于地表土的结构强度，也要小于土壤入渗率，随喷随渗，快速达到土层与根系，避免形成地表径流、汇水，浪费水资源；也可结合滴灌、微喷灌、地下灌溉等先进的灌溉系统将水直接送达植物根部精准灌溉，减少水分蒸发和浪费，提高水资源利用效率与灌溉效率，同时保证植物的生长和碳汇能力。

6.1.2 自然降水与再生水利用

绿地灌溉的基础是水源及水量。水源多种多样，有的来自周边自然水体、有的来自地下水等。但水资源是稀缺资源，近年来国家鼓励各地积极采用各种方案，有效节约用水，提高水资源利用效率。这样的背景下，对于园林绿地的灌溉工作，自然降水及再生水是作为水源替换、补充较好的选择。

自然降水指雨水、雪、雾、露、霜等降水现象，其中能被园林绿地灌溉所利用的主要是降雨。不少乔木在生长稳定后，可以通过根系找到地下蓄积的水分，此时灌溉就成为维持生长状态的补充。所以设计时需要考虑当地气候条件，明确雨季、旱季的时间，掌握常规雨季的降水均值及极值，可以在这个阶段明显减少灌溉水量。另一方面，自然降水的时间分布差异很大，尤其在北方干旱、半干旱区域，有非常长的干旱时间，降水来时强度又过于集中，容易导致地表径流、水土流失，珍贵的水量很难完全渗入到土壤，对植物的灌溉作用反而有限。因此，在绿地中进行雨水管理是非常必要的。通过地形设计形成分区域的汇水系统，结合植草沟、下凹绿地、雨水花园、绿色屋顶、透水铺装、生态滞留池、储水罐等雨水设施收集、利用雨水，能够有效解决雨量分布不匀的问题，适时补充灌溉水源。

再生水（reclaimed water）指城市污水经适当的再生工艺处理后，达到一定水质要求，满足某种使用功能要求，可以进行有益使用的水。使用再生水有两个必须解决的问题：其一是水质必须达到植物灌溉的基本要求。例如，根据《城市污水再生利用绿地灌溉水质》（GB/T 25499—2010）浊度、气味、颜色、酸碱度、溶解性总固体（TDS）、总余氯、氯化物，以及水中重金属物质及有毒物质含量等都有标准限值。使用前需要做灌溉试验，也需要定期监测。其二是再生水产量及稳定性问题。城市水处理厂的再生水出厂量受限于污水处理能力、工艺效率和季节性用水波动（如雨季和旱季的处理量差异），而分配到绿地中的配额需结合不同区域的灌溉需求动态调整。总体上，在绿地灌溉中合理地使用优质的再生水既弥补了用水不足，降低了对水资源的消耗，也减少了碳排放。

6.2 科学施肥

植物在其生长发育过程中需要不断地从土壤中吸收营养元素，而园林绿地的土壤常存在结构退化、有机质匮乏、营养元素缺失等情况，需要通过人工施肥的方式来补充其生长发育所需的营养元素，以确保植物健康生长和良好的景观效果。一方面，科学合理施肥，特别是增施有机肥，可以显著提高土壤有机质含量。有机质是土壤碳库的重要组成部分，其含量的增加可直接促进土壤碳库的扩大。有机肥的施用还能促进土壤微生物的生长繁殖，这些微生物在生长过程中会吸附和固定更多的碳，从而进一步提升土壤碳库。土壤有机质的增加不仅能提高土壤肥力，还有助于栽植植株健壮生长和抵抗病虫害，有助于植物提高其碳汇效率，积累更多的生长量。另一方面，通过科学施肥，特别是推广有机肥和微生物肥料的高效利用，可以减少对化肥的依赖，将园林废弃物转化为有价值的有机肥，不仅能降低能源消耗和碳排放，还有助于循环利用资源，减少废弃物的排放。

6.2.1 肥料来源

肥料按照来源和成分通常分为有机肥、无机肥和生物肥料，根据其肥效快慢又可分为速效肥和长效肥（卢树昌，2021）。在园林养护管理中，常以长效肥结合速效肥的方式组合施肥。其中，常用的长效肥多指由动植物残体或动物粪便经发酵腐熟后形成的有机肥，如厩肥、堆肥、饼肥、绿肥等；速效肥则主要指人工合成的化学肥，如尿素、多磷酸钙、硫酸钾等单一元素化肥及同时含有氮、磷、钾等主要元素中两种及以上成分的复合肥。生物肥料作为近年来新兴的一类低成本、环保的肥料，在改良土壤、提高肥力、提升品质、减少病虫害等方面也有显著成效。这类肥料含有特定的微生物活体，可通过微生物生命活动提高植物营养元素供应水平及产生植物生长激素，促进营养元素吸收或抑制有害微生物活动。实际使用过程中，可以将有机肥作为基肥，无机肥作为追肥，生物肥料在施用有机肥时配合使用。

6.2.2 精准施用肥料

施肥的主要目的是通过增加营养元素来满足植物生长对营养的需求。然而不同园林植物或同一植物在不同的生长发育阶段对营养元素需求的种类和量都有所差异，根据不同种类不同阶段的需求，选择正确的肥料种类（right source）、正确的肥料用量（right rate）、正确的施肥时间（right time）和正确的施用位置（right place）是科学施肥的关键。

6.2.2.1 植物必需营养元素

到目前为止，国内外公认的植物必需营养元素有17种，即除碳（C）、氢（H）、氧（O）外，大量元素6种：氮（N）、磷（P）、钾（K）、钙（Ca）、镁（Mg）、硫（S）和微量元素8种：铁（Fe）、铜（Cu）、锌（Zn）、锰（Mn）、硼（B）、钼（Mo）、氯（Cl）和镍（Ni），同时将钠（Na）、硅（Si）、钴（Co）等列为植物的有益元素。园林植物在生长过程中容易受到各种因素影响导致缺素或过量，表现出不同的受害症状。这时就需要注意观察和区分，及时调整施肥方案，有效开展科学施肥，以便植物健康生长。以叶片黄化为例，老叶黄化、植株瘦小可能是由于缺氮所致，新叶黄化且脉间失绿则是由于缺铁所致，及时补充富含相应营养元素的肥料可以有效缓解症状。

6.2.2.2 施肥时期

根据不同植物各生长阶段与应用特征，在合适的管理时期科学施肥可有效提高肥料利用率，并兼顾环境效益、经济效益和社会效益。

园林植物根据观赏部位的不同，可以分为观花、观叶、观果、观形等。以观叶、观形为主的园林植物，如行道树、庭荫树等，多在冬季休眠阶段施用堆肥、厩肥等有机肥料，在春季营养生长阶段多施用以氮肥为主的肥料，以促进来年发枝发叶、叶色鲜艳，到了秋季营养生长后期，则需要停施氮肥，适当施用磷钾肥，促进枝条木质化，以确保安全越冬。针对观花、观果为主的园林植物，同样需要在冬季配合施用有机肥，在营养生长阶段和生殖阶段后期多施以氮肥为主的肥料，促进枝叶生长，待其进入生殖生长阶段，特别是花芽分化期，需多施用磷钾肥促进花芽分化增加花量。果实生长期则需要配合施用氮、磷、钾肥，尤其是提高钾肥比例。除此之外，还需要根据植物生长的具体情况和实际土壤养分含量，及时合理补充缺失的微量元素。

6.2.2.3 施肥方式

常见的施肥方式主要有四种，分别为基肥、种肥、追肥和根外追肥。

（1）基肥

基肥指在播种、育种、定植前，结合整地在土壤表面以大面积撒施的方式，施入大量肥料，以确保在整个生长期内能为植物生长提供所需的养分，一般多以有机肥为主。基肥阶段多采用全面施肥。

（2）种肥

种肥指在播种或定植时施用在种子或植株根系附近的肥料。种肥多以氮、磷肥或是腐熟的优质有机肥料为主。硫酸铵、过磷酸钙和微量元素肥料多是种肥的理想之选。不过由于种肥距种子位置较近，需要严格把控肥料的种类及用量，避免因使用不当造成烧苗、烂种等情况。

（3）追肥

追肥指根据植株的生长季节、生长发育阶段和生长速度补充所需的肥料，以保障和促进植株正常生长发育，多在土壤干旱浇水时配合进行。追肥主要采用局部施肥的方法，常以穴施、条施、环施、放射性沟施等形式开展。氮肥是追肥的主要种类，多采用速效性氮肥，且以少量多次追肥效果更佳。

（4）根外追肥

根外追肥指在生长发育阶段，将肥料配制成一定浓度的营养溶液，喷洒在叶片、果面或注射至茎部导管，以满足植物生长发育需求的施肥方式。根外追肥用肥量相对较小，见效快，是土壤施肥的一种有效补充手段，特别是在植物遭遇特殊气象灾害时，可通过根外追肥迅速有效补充营养，促进恢复，缓解灾情。

一般氮、磷、钾及微量元素等化肥均可作为追肥使用，但需要注意用量与浓度。常用追肥浓度一般为尿素0.5%~2%、磷酸二氢钾0.3%~0.5%、硫酸钾0.3%~0.5%、硼砂0.1%~0.2%、硫酸铵0.2%~0.3%，既可单一施用，也可混合施用。在叶面追肥时，宜在晴朗无风或微风的清晨、傍晚或阴天进行，尽可能保障叶片正背面均喷到。实际操作过程中，根部追肥和根外追肥配合施用时效果更佳。

6.2.3　绿肥植物与土壤培肥

绿肥植物是指一类主要用于翻压还田，以增加土壤肥力、改善土壤结构等为目的的植物，如南方酸性土壤多选用紫云英；北方寒冷地区则选择苜蓿、黑麦草等。目前绿肥植物虽然多应用于农田生产中，其在园林绿地中也具有很大的应用潜力。

园林绿地的土壤经过长期的人为活动和植被生长，容易出现肥力下降、结构变差等问题。绿肥植物具有固氮、富集养分等作用，能为土壤提供氮、磷、钾等多种养分。例如，豆科绿肥植物通过与根瘤菌共生固氮，可以显著减少化学氮肥的施用量。

绿肥植物的根系在土壤中生长、穿插和腐烂后，能增加土壤孔隙度，改善土壤通气性和透水性，使土壤更加疏松肥沃，有利于园林植物的生长。绿肥植物经过一段时间的生长之后，将其茎叶切断直接翻入土中，可以为土壤微生物提供丰富的有机碳源，促进微生物群落的多样性和活性，这些微生物在土壤养分转化、有机物分解等过程中发挥着重要作用，进一步提高了土壤的肥力和养分供应能力，形成一个良性的土壤生态系统。

此外，绿肥植物还有其他方面的优势。与化学肥料相比，绿肥植物就地种植、就地还田，其最大的优势在于不需要大量的能源投入，也就避免了相应的碳排放。加之绿肥植物大多生长迅速、繁殖能力强，只需投入较少的种子和种植管理成本，就可以在一定程度上满足园林植物对养分的需求，降低园林养护的成本，更加经济实惠。同时，许多绿肥植物具有较好的观赏价值，可以为园林绿地增添色彩和美感。例如，油菜花常用于绿肥栽植，其花期时大片的黄色花朵非常壮观，能营造独特的景观效果；紫云英开花时一片紫红色，也极具观赏价值，可与其他园林植物搭配，丰富景观层次。

6.3 病虫害防治

园林植物在生长发育过程中常遭受病虫害，轻者导致生长发育不良、残缺不全或出现坏死斑点、畸形、凋萎等，降低观赏价值，重者导致植株死亡，严重影响园林植物的综合效益发挥与景观效果，甚至造成一定的经济损失。病虫害问题在很大程度上增加了城市园林管养难度，一旦爆发会导致树木衰弱，林相残破，直至死亡，直接影响着城市环境品质，对当地的经济、生态和人文景观造成极大影响。

6.3.1 病害与虫害

园林植物的病害是指园林植物在生长发育过程中受到致病因素（生物或非生物因素）的侵袭，导致整个植株、器官、组织和局部细胞的正常生理生化功能紊乱，解剖结构破坏，形态特征改变，以致园林植物生长不良，品质变坏，产量下降，甚至死亡，严重影响观赏价值和园林景观的现象。病害与损伤的区别在于病害有明显的病理程序（病理变化过程），而损伤不发生病理程序。园林植物常见病害有白粉病、煤污病、锈病、霜霉病、白绢病、斑点病、炭疽病等。

虫害则是指害虫通过食用或寄生在园林植物上，导致植物叶片凋萎、叶缘咬食、病斑形成等症状。常见的园林植物害虫包括园林“五小害虫”蚜虫、介壳虫、粉虱、蓟马以及叶螨等。这些害虫虽然体型微小，但繁殖能力强，扩散速度快，长期困扰园林养护。此外，还有榆树、白蜡、梧桐、杨柳、枫香等多种园林植物上常出现的美国白蛾，它是一种食性杂、繁殖能力强、适应性强、扩散速度快、危害严重的世界性检疫害虫，自1979年传入我国以来，给我国的农林业、园林绿化业造成了巨大的经济损失，严重影响我国的生态安全。

6.3.2 防治方法

病虫害防治是城市绿地日常养护的重要组成部分，如何做到更加低碳、节约、环境友好的防治管理十分重要。一方面，园林工作者需要根据场地现状进行客观分析，因地制宜地制订相关综合防治方案。通常，综合防治利用自然控制因素配合各项防治手段，实现有害生物的有效防治，可针对某一种病虫害、有害动植物进行综合防治，也可对某类园林植物所发生的主要受害症状进行综合防治，还可以某区域或地块为对象，综合考虑生物因素，制订综合防治措施。另一方面，针对病虫害防治还应强调考虑可持续性，即可持续治理。可持续治理要求前期采用的措施能够为以后的防治奠定坚实的基础，做到兼顾当前和未来，防患于未然，确保病虫害防治与植物生产持续、稳定、绿色、健康发展。

针对园林植物病虫害防治的方法众多，各有利弊，主要有生物防治、物理防治、化学防治、园林技术防治等。通常，单纯依靠某一种或某一类措施很难达到有效防治的目的，甚至还会导致其他不良影响。因此，国内外公认的病虫害防治基本方针是“预防为主，综合防治”。综合防治以生态系统为出发点，以预防为主，本着经济、安全、有效、便捷的原则，因地制宜地选择防治手段，充分发挥各自特点，协调互补，形成有机的防治体系，将危害控制在经济损失允许水平以下。下面介绍几种主要的防治方法。

6.3.2.1 生物防治

生物防治是利用生物物种间的相互关系，以有益生物或生物的代谢产物来抑制或消灭病虫害的一种防治方法，包括天敌昆虫和微生物防治等。

在自然界中，不同物种之间存在着错综复杂、相互制约的关系。尽管危害园林植物的病虫种类繁多，但实际真正造成严重危害的仍是少数，大多通过提高生物多样性、构建食物链来建立相对动态平衡的状态。这种相互制约、相互促进的关系确保了有害种群在自然状态下一直处于较低水平。生物防治具有化学防治方法无法比拟的优势，既不污染环境，不易致使病虫产生抗性，又具有持续控制的作用，是可持续防治的重要手段。但相对而言，当病虫害大规模爆发时，生物防治的效果会相对滞后，需要配合其他防治方法同时进行。

以虫害为例，在园林养护管理中，可以根据利用对象不同分为以虫治虫、以菌治虫、以鸟治虫及其他有益生物治虫等。以虫治虫主要是利用天敌昆虫或有益螨类进行防治。根据天敌昆虫取食害虫的方式，可将天敌昆虫分为以瓢虫、食蚜蝇、蚂蚁、花蝽、螳螂等为代表的捕食性天敌和以寄生蜂、寄生蝇为代表的寄生性天敌两种。利用天敌昆虫时，可以通过保护和利用本地天敌、引进天敌昆虫、人工扩繁释放天敌昆虫等形式开展。

6.3.2.2 物理防治

物理防治是利用各种简单机械或物理因素来进行病虫害防治。主要的方法有捕杀法、阻隔法、诱杀法、温湿处理、放射处理等。捕杀法如树体晃动捕杀、定点捕杀、修剪等，具有投资较少，不污染环境和不伤害天敌等特点。阻隔法则是通过人为设置各种障碍，阻断侵害途径，包括贴涂环胶、挖障碍沟、设置障碍物、土壤覆膜或改造、纱网阻隔等。诱杀法则是利用害虫的趋性，人为设置灯光、食物、潜所和色板灯诱杀害虫，如利用蚜虫的黄色趋性，设置黄色黏板或水皿进行诱杀。温湿处理和放射处理更适宜在园林绿化前期使用。

6.3.2.3 化学防治

化学防治是指利用化学农药防治病虫害的方法，具有防治对象广、见效快、效果好、使用方法便捷、成本低等优点。但使用不当时易导致污染环境、人畜中毒、天敌与植物药害及长期使用带来的病虫抗药性等。

在进行化学防治时，只有科学合理地使用农药，才能有效规避上述缺点，确保良好的防治效果。根据实际受害症状，选择正确的农药品种，根据使用方法配置适宜浓度，在最有利的防治时机，选择最佳的施药方式，才能实现有效对症施药。此外，为避免和延缓出现耐药性，还可同时选择几种性质不同的农药交替使用。

6.3.2.4 园林技术防治

园林技术防治指利用一系列园林管理技术，培育健壮园林植物，增强其抵抗能力和自身补偿能力，避免病虫害发生的一种保护措施。与其他防治方法相比，这种方法属于提前预防性措施，当病虫害大规模发生时必须依靠其他防治措施配套使用。

园林技术防治多结合园林养护管理开展，常见的方法有：

①培育和选用抗性品种　目前国内外已经培育出抗黑斑病、白粉病、灰霉病、锈病、根结线虫等多种园林植物抗性品种。

②选择适宜圃地育苗、无病株采种及组培脱毒苗　土壤质地疏松、有机质含量高、排水良好、通风透气、无病虫害的场地是理想育苗圃的首选。在进行扦插、播种育苗时需要及时对容器及基质进行有效消毒，同时配合养护管理措施，促使苗壮、苗齐、无病虫害。

③避免不当的园林植物搭配所引发的病虫害　充分考虑寄生植物与害虫食性及病菌寄主范围，从根源杜绝不当的搭配造成某些病虫害的发生与流行，如海棠与圆柏属植物、芍药与松属植物、黑松与油松、槐树与苜蓿等近距离栽植时易导致病虫害大规模发生。

④加强日常抚育管理　包括但不限于适宜的肥水管理、合理修剪、中耕除草、翻土培土、及时清除枯枝落叶等。

6.4 自生植物保护与利用

很长一段时间里，城市中园林绿地的地表层主要利用修剪草坪和草本花卉覆盖。高强度的养护管理，高频度的割草、化学除草剂及肥料使用等，消耗了过高的能源与水资源。城市环境中有一类非人工栽培而能够自发定居生长的植物，称为自生植物（spontaneous vegetation/plants）。自生植物是与栽培植物相对应的概念，强调不由人为主动栽培而自发定居生长的植物群体，既包括可自播繁衍的本土土壤种子库中原有的植物种类，也包括人为引入但自发逸为自生的植物（李晓鹏 等，2018）。自生植物往常称为“杂草”，被视为植物景观中“不安定”要素，一旦出现就会被园林工作者极力清除。但事实上，自生植物对本土自然和气候条件更为适应，凭借其强大的自播繁衍能力和顽强的生命力，几乎可以随处生长，同样是城市植被的重要组成部分。它们既不需要精细的养护管理投入而节能减排，还可以发挥诸多如增加固碳释氧、缓解扬尘、缓冲雨洪冲刷、支持城市生物多样性等重要的生态服务功能。同时，自生植物多为乡土植物，能够更加真实地体现地域性特色，充分凸显地域文化和生态环境。因此，在当今建设绿色低碳城市的背景下，保护、利用自生植物，构建低维护、可持续的绿地植物景观已获得普遍共识。

自生植物的维护管理以低维护和动态化为主要原则。低维护体现在灌溉、修剪、除草、施肥等方面的低投入和低频率，在自生植物未严重影响绿地中栽培植物景观效果的情况下，可以尽量任其自然生长。动态化则体现在对于自生植物的管理要充分考虑绿地内各区域的景观与功能需求以及各类自生植物群落的特点，定期动态跟踪，制定适宜的管理频率和管理维护计划，及时采取适宜的养护管理措施。

6.4.1 自生植物分区分类管理

首先，绿地中不同的功能与景观区域在处理自生植物时，采用的养护管理措施与强度应当是不同的，分区管理十分必要。公园入口、活动场地、景观节点以突出游赏景观效果为主的区域，或景观路、健身步道、消防道路等绿地中主要的交通道路周边，可以适度管理控制自生植物的自发生长。对于一些容易蔓长的自生植物要及时修剪去除，避免其破坏景观、干扰交通、造成安全隐患等。同时，针对绿地中部分游人较少涉足的特定功能区域，其管理重点更侧重于支持生物栖息和生态抚育等。这些区域更适合适当地降低人工养护管理干预，甚至可以根据情况不干预，保留、顺应自生植物的自发生长。这些自生植物不仅对资源的消耗极低，同时，覆盖地表、保墒土壤，为城市鸟类、昆虫等提供食源与栖息地。有条件的绿地提倡合理预留自生植物生长演替的低干预空间，使其依靠自身力量形成多样的稳定群落。

其次，尽管自生植物具有诸多优点，但园林绿地中人工栽植的植物景观是主体。自生植物多为更加适应本地气候与环境条件的乡土植物或适应与繁殖能力极具优势的外来物种。大多数栽培植物在与自生植物竞争同一处生境中的生态资源时处于弱势。一些入侵植物甚至能够在很短的时间内将生境内的栽培植物悉数替代。因此，要在摸底绿地自生植物种类构成与分布特征等的基础上，根据不同自生植物种类的景观价值、生态价值与入侵性对其进行类别划分。优先满足绿地景观和功能要求，适当保留生长状况良好且兼具观赏价值的乡土自生植物，及时清除存在严重病虫害风险或具有强入侵性的自生植物。

6.4.2 自生木本植物管理

在自然界，木本植物的幼苗是森林生态系统中的重要组成部分，其定居、存活与生长的生态学过程对于森林植被的更新演替具有极为重要的潜在指示和筛选作用（李振基、陈圣宾，2011）。城市环境中自发生长并保留下来的木本植物幼苗数量很少，主要是由于园林绿地中通常采取较高强度的养护管理措施，自生木本植物常在幼苗阶段就已被移除。但事实上，绿地中的自生木本幼苗有着很高的保护再利用价值。首先，城市植物群落虽然经由人工配置，但它们并非一成不变的，一些生长不佳、病虫害严重的植株需要及时更换。其次，从群落演替的角度，随着时间的不断流逝，城市植物群落同样需要更新，自生木本植物在群落演替的过程中有着不可替代的关键作用。因此，当绿地中出现木本自生萌蘖苗时，筛选株型效果良好的自生木本植物的幼苗予以保留，作为储备用苗，必要时移栽再利用，能够极大地节约苗木采购的经济成本。最后，自生木本幼苗自萌发就生长在场地内，对于场地内的基本生境条件已经充分适应，可以大大降低栽培苗木移栽后的适应不佳现象和二次损伤的资源消耗风险。

（1）及时疏除

一般情况下，绿地中自然萌发出的木本植物幼苗，有些会逐渐被自然淘汰，剩余存活下来的萌蘖苗，日常的养管过程中要对其进行跟踪管控，识别其是否具有潜在的生态风险，同时提前评估其未来生长是否会对原有栽培植物或场地设施等造成不良的影响，进而采取不同的养护管理措施加以处理。第一类是具有入侵性、易蔓长，可能对群落中其他树种造成强竞争干扰的树种的自生幼苗，如构树、火炬树、桑树、旱柳、刺槐等树种的萌蘖苗。这些树种的自生萌蘖苗生长速度极快，根系蔓性强，若不及时处理，容易对群落中其他植物造成严重影响。第二类是一些距离原有栽培植株树冠范围较近的自生萌蘖苗，任由其树冠扩大可能会导致原有栽培植株的树冠被迫改变生长方向，出现偏冠、缺冠等现象。通过定期巡检，发现上述两类情况要及时进行疏除，避免其破坏原有植物群落的种间关系的平衡。

（2）适度保留与干预

对于具有较高生态与景观价值，有利于场地可持续循环利用的自生木本树种的萌蘖苗提倡予以适当保留。例如，北方低维护的绿地中有时会出现有银杏、元宝枫、臭椿等可持续利用价值较高树种的萌蘖幼苗。对于这些自生木本幼苗，可以先原位保留再定期跟踪观察，逐渐筛选其中生长良好、株型完整的幼苗进一步就地保留或移栽保留，作为未来场地内病虫害严重的苗木的替换储备或是移至苗圃。其余幼苗则可以根据情况清除。保留下来的自生木本幼苗，虽然并不需要额外投入大量精细化的养护管理措施，但应注意关注保留苗的生长状况，定期梳理掉一定的侧枝以促进其主干端直向上生长。此外，相比于自生乔木树种，一些自生的灌木与木质藤本植物也可自发形成具有一定围挡性，且不干扰游人视线与上层植物生长的低矮型防护隔离带，能够有效防止游人踩踏、穿行绿地，可以根据场地实际情况，适度保留利用这些自生生物。

6.4.3　自生草本植物管理

绿地中自生草本植物的种类丰富且数量多，尽管有些会被日常养护管理清除，仍有大量留存的自生草本植物与原有的草坪、草本花卉等共同构成绿地中地被植物群落。相比需要消耗大量除草、灌溉、施肥等养护管理投入的传统草坪与草本花卉地被，自生草本地被多为乡土植物，自播繁殖能力与适应性极强，可以在很短的时间里对地面形成覆盖，且不需要额外的灌溉与施肥管理投入，极大节约不必要的资源消耗和相应的碳排放。此外，自生草本植物是群落林下更新层主要的构成成分，对于促进城市植物群落的可持续演替具有重要意义。科学地保护、利用绿地中的自生草本植物资源，对于建设低碳节约型绿地具有积极的生态价值。

（1）及时疏除

针对自生草本植物（含草质藤本）的管理首先也要注意对于入侵植物的控制。一年蓬、小蓬草、阿拉伯婆婆纳、鬼针草等是绿地中常见的入侵植物。它们一旦成功入侵，会很快蔓延形成单一优势种群落，挤压绿地中其他草本植物，危及本地物种，最终导致生物多样性的丧失，破坏生态系统的稳定（图6-1）。还有部分自生草本，如葎草虽然不属于入侵植物，但生长能力旺盛，竞争力强，同样会对周边其他栽培或自生植物的健康生长造成严重的负面干扰。因此，当绿地中出现这类入侵或恶性竞争的自生草本时，要定期跟踪，在其生长旺季或种子尚未成熟之前及时连根拔除并彻底清运离场，避免等到下个生长季再度通过种子自播生长或根茎蔓延爆发。

（2）保留与利用

对于不存在入侵与恶性竞争风险的自生草本植物，养护管理时可以根据绿地的具体条件减少人为干预，尽可能多地就地保留与利用。例如，二月蓝、斑种草、早开堇菜、酢浆草、紫花地丁、附地菜、蒲公英等广布适生，同时具有较高的观赏价值的植物，适当地为它们预留一定的低干扰生长空间，假以时日，凭借其强大的自播繁衍能力，大都可以形成颇具规模的林下花海景观。此外，绿地中还有一些数量稀少、低频偶见的自生草本植物需要重点保护，这是重要的城市生物多样性资源，对于提升城市生态系统稳定性具有重要价值。针对这类自生草本的管理虽然不需要过多的额外投入，但定期跟踪，收集成熟种子，适当借助人工手段帮助其扩散种群是很有必要的。

图6-1　绿地中小蓬草及一年蓬、葎草大面积蔓延

6.5 枯落层保护与利用

园林绿地中的植物伴随生长代谢，会不断产生枯枝、落叶，以及树皮、残花、残果、种子等凋落物。这些凋落物逐渐累积，在土壤表层形成一层覆盖物，即枯落层。枯落层包括未分解、半分解以及完全分解的有机物，通常分为上下两部分：上层主要是新鲜未腐烂的落叶和枯枝，质地疏松而有弹性；下层则由半分解的植物残体构成，通常有菌丝缠绕，结构较为疏松且透水性强。不同城市森林或园林绿地的生态系统，其枯落物的质量和数量会有所不同。

6.5.1 枯落层的作用

植物枯落层在维持园林绿地水文循环与养分平衡等的过程中担负重任（葛俸池，2023）。概括而言，枯落层的作用主要体现在4个方面：增强土壤碳汇、水源涵养、营养储备、改善生境小气候。

（1）增强土壤碳汇

植物枯落层能够有效增强土壤碳汇。堆积的枯落物在经过微生物的分解与转化后，部分碳元素会以腐殖质的形式重新固定在土壤中。这一过程增加了土壤中的有机碳含量，促进土壤碳储存。与清理掉枯落层的园林绿地相比，保留枯落层的绿地土壤能够储存更多的碳，对促进低碳园林建设意义重大。

(2)水源涵养

首先，枯落层能够有效截留和吸持一部分透过冠层的雨水，削减水滴动能，避免雨滴直接溅蚀地面，同时降低地表径流速度，延长水分入渗时长，促进土壤水分补充；其次，枯落物的堆叠可有效增加土地表面的粗糙度，能通过过滤地表径流中的体积较大的杂质及泥沙等起到改善水质的效果；最后，枯落物遮挡了原本裸露的地表，有效减少了土壤水分的蒸发，从而起到保护土壤和涵养水源的作用。通常枯落层的水源涵养功能会因气象条件、林分类型、枯落物成分、枯落物生物量或蓄积量、枯落物分解状况等的不同而有所差异。

(3)营养储备

枯落物是联系地上地下生物过程的纽带。大部分植物枯落物经过缓慢的氧化分解形成腐殖质，将大量营养物质归还土壤。在增加土壤营养元素的同时，促进着包括土壤孔隙度、土壤结构、土壤渗透性、抗冲能力、酸碱度等在内的一系列土壤理化性质的改良，并为植株的生长创造良好条件。

(4)改善生境小气候

枯落层的覆盖有效改善了地表的裸露程度，拦截阳光直接照射到土壤表面，避免了土壤表面增温，从而有助于改善群落内部的小气候。同时，阻隔阳光也同样有效抑制了苔藓、地衣、草本植物及种子的发芽生长，避免了这些植物与林木争夺土壤表层的水分及养分。

6.5.2 枯落层保留与利用

早期的园林养护管理，常将自然凋落和绿化维护过程中产生的枯枝落叶及杂草视为城市垃圾进行填埋或焚烧，不仅造成生物资源的浪费，还增加了垃圾处理成本并造成环境污染，阻碍了节约型园林的建设。

在倡导低碳园林的今天，对于枯落物等园林绿化废弃物的处理正朝着可持续、低碳的方向发展。一方面，在日常管理中，要减少对枯落物的过度清理，只需清理掉那些影响行人安全、堵塞排水管道或可能引发病虫害大规模传播的枯落物。对于一些易着火的枯落物，如干燥的落叶、枯草等，则可以在火灾高发季节来临前进行必要的喷淋与整理，做好防火措施。另一方面，也可以在绿地中规划出适宜的特定区域，如绿地中不影响游览的边角区域和林地深处等，用于自然堆积枯枝落叶形成枯落层，或者定期人工收集园林中的枯枝落叶就近运离、堆放在指定的区域集中处理，以便后续利用。

收集起来的枯落物还可以进一步可持续利用。首先，区别于日常生活垃圾，枯落物中含有一定的有机物和营养物，具有很大的再利用价值。目前，园林绿化废弃物的再利用主要分为预处理和加工利用两个大环节，一般对枯落物等园林绿废经过粉碎、干燥等预处理过程后，再进行资源化产品的再生产利用。其次，还可以利用枯枝落叶对城市中裸露的坡地或受损的绿地等区域进行有机覆盖，或通过堆肥或发酵等方式，可以将其转化为有机肥料进行堆肥利用、基质利用，或者粉碎后再处理加工作为生物质能源利用和生态材料利用等。最后，也可以将枯落废弃物进行雕塑、景观小品塑造的艺术化处理，将其转化为具有观赏价值的景观元素铺设在园林小径、花坛或作为装饰物等，增添园林的层次感和视觉效果，这些都是非常低碳节约的循环利用方式。

6.6 智慧园林管理

随着经济社会的发展和居民对人居环境品质需求的不断提升，城市园林绿化正在从“重数量、重建设、单一功能”向“量质并重、建管并重和复合功能”转变。面对日益复杂的园林绿化管理需求，传统的园林管理方式多依赖于人工经验和定期的巡检，不仅效率低下，而且容易造成资源的浪费。近年来，随着移动互联网、物联网、云计算、“3S”技术、大数据、人工智能等技术的飞速发展，智慧化园林管理模式应运而生。它通过整合园林资源信息与配套的信息技术、智能终端等，实现对园林规划、建设、养护、运营等各个环节的实时监测和智能调控，以提高园林管理的效率和质量。智慧园林管理未来将成为助力植物景观低碳养管的有力工具。

智慧园林管理通过引入自动化监测和智能控制系统，能够实时监控植物的生长状态和环境参数，及时发现问题以便精准实施灌溉、施肥、病虫害防治等措施。例如，通过土壤传感器和气象监测站等设备结合大数据分析，管理人员可以实时了解每一片植物区域的水分、养分需求，进而制定针对性的灌溉和施肥计划。这不仅避免了水肥的过度使用，节约了宝贵的资源，同时也减少了因过度施肥造成的土壤污染。在病虫害防治方面，智慧园林管理同样展现出了其独特的优势。通过智能识别技术，智慧园林管理系统能够及时发现病虫害的发生迹象，迅速作出反应。这不仅可以减少化学农药的使用，降低碳排放，还可以通过采取生物防治等环保措施，有效地控制病虫害的蔓延，保护植物的健康生长。

智慧园林管理还能通过大数据分析，准确地评估和预测各个季节、时段，各个区域所需的养护管理资源与工作量，从而辅助合理安排人力、物力和财力，实现资源的高效利用，避免不必要的资源浪费，实现低碳养管。此外，公众可以通过智慧园林管理的各种互联网平台和移动应用提供意见建议、举报不文明行为等参与园林管理，真正实现与绿地管理和社会公众的共建共享。

思考题

1. 如何理解自生植物在低维护植物景观中的意义？

2. 如何根据植物所需的营养元素进行科学施肥？

3. 有害生物的防治原理及常见的防治方法有哪些？

4. 为什么要进行枯落层的保护与利用?

5. 理解智慧园林管理的含义。

拓展阅读

1. 肥料科学施用技术. 宋志伟，王志刚. 机械工业出版社，2022.

2. 害虫生物防治的原理和方法. 张古忍，胡建，蒲蛰龙. 科学出版社，2022.

3. 园林植物病虫害防治（第3版）. 武三安. 中国林业出版社，2015.

4. 土壤学. 胡宏祥，谷思玉. 科学出版社，2021.

5. 森林生态学. 李俊清，牛树奎，刘艳红. 高等教育出版社，2017.

6. 绿色生态建设指引. 赵文斌. 中国建筑工业出版社，2023.

7. 城市绿色基础设施中大规模草本植物群落种植设计与管理的生态途径. 詹姆斯·希契莫夫，刘波，杭烨. 中国园林，2013，29（3）：16-26.

第7章 城市绿地碳汇计量

本章提要

科学地量化城市绿地植被的碳汇效益，可以为城市绿地规划设计优化、环境效益评估乃至城市碳中和目标制定提供关键数据支撑和科学决策依据。本章简要介绍了目前国内外应用最广泛的样地清查法、遥感估算法、模型模拟法、微气象法、同化量法等经典绿地植被碳汇计量方法的原理和应用现状，以供学习与参考。

城市绿地作为城市生态系统中重要的自然碳汇系统，其在固碳增汇、调节城市碳平衡方面的价值不可替代。通过科学计量，评估城市绿地的碳汇服务价值，不仅对于了解其在应对气候变化中的贡献具有重要意义，还有助于指导更加合理的绿地布局与配置，并为政府提供科学的决策依据。所谓绿地的碳汇计量，主要是通过一系列科学方法和技术手段，对城市绿地中的植被进行碳汇量的测定和计算，以定量评估城市绿地植被的碳汇服务。准确获取城市绿地植被类型、面积、生长状况等基础数据是科学计量绿地碳汇服务的前提，但实际操作中这些数据往往难以完整、准确地获取。因此，相比针对植被类型相对单一，且空间分布更为均匀的林业和森林的碳汇计量，城市绿地的复杂性使得其碳汇计量的难度更大。

目前，国内外尚无统一、标准的城市绿地碳汇计量方法。样地清查法、遥感估算法、模型模拟法、同化量法等计量方法目前应用最为广泛。不同估算方法有其各自的优缺点和不确定性，选择合适的方法对于确保计量结果的准确性至关重要。

7.1 城市尺度碳汇计量

在城市或区域等较大尺度核算城市绿地碳储量，或进行绿地碳汇格局的时空演变及情景预测时，基础数据多以遥感影像数据和土地利用数据为主，研究方法则多采用样地清查法、遥感估算法和模型模拟法等。

7.1.1 样地清查法

样地清查法是通过建立典型样地对植被碳储量进行实测，并结合连续观测来获取一定时期内碳储量的变化情况。这一方法通常在推算出植被生物量后进一步借助含碳系数来求得碳储量，在城市尺度主要包括生物量转换因子法和模型测算法。

7.1.1.1 生物量转换因子法

生物量转换因子（biomass expansion factors，BEF）是指林分生物量与木材蓄积的比值。生物量转换因子法是根据蓄积量与生物量的比值关系，基于资源清查数据统计林分的总蓄积量得到生物量。此法广泛用于大尺度上植被生物量、碳储量及其动态变化的评估。利用不同森林类型生物量转换因子的平均值乘以相应森林类型的总蓄积，得到不同森林类型的生物量，再利用生物量转化因子连续函数提升森林生物量的估算精度（方精云 等，1996；Fang et al.，2007）。利用生物量转换因子连续函数估算森林生物量符合林分的一般生长规律，故而被普遍使用（Fang、Wang，2001）。

生物量转换因子连续函数，公式如下：

$$f_{BEF}=a+b/V \tag{7-1}$$

式中 a、b——参数，无量纲；

f_{BEF}——生物量转换因子，无量纲；

V——林分蓄积（m^3）。

7.1.1.2 模型测算法

近些年，模型模拟法在碳储存量的估算研究中使用越来越普遍。这是一种基于样地实测的树木信息，利用相应的模型模拟树木生长或直接建立树木模型，通过输入植被信息或通过遥感影像识别植被，从而实现碳储量估算的方法。常用的模型包括CITYgreen（American Forests，2002）、i-Tree（Nowak et al.，2018）、The Pathfinder（Bossy et al.，2022）、NTBC（National Tree Benefit Calculator，CaseyTrees and Davey Tree Expert CO.，2018）、InVEST（Integrated Valuation of Ecosystem Services and Trade-offs）模型（Tallis et al.，2010）等，这些模型各自适用于不同尺度，借助模型模拟法不仅可以基于时空维度对不同空间尺度的生态系统的碳储存量进行空间评估，还能够模拟、预测和评估城市扩张对区域碳储存量的影响等，从而为后期城市发展与规划设计提供科学借鉴与指导。通常，在城市尺度的模拟过程中，较为常用的模型为CITYgreen模型和InVEST模型等。

（1）CITYgreen模型

CITYgreen是一款以GIS和RS技术为基础，基于ArcView平台的绿地生态效益评价模型。该模型不仅能模拟树木的生长，还能评价其可提供的生态系统服务，包括固碳、蒸腾、减少空气污染物、减少暴雨径流、遮阴和节能作用等。CITYgreen由数据库和生态效益分析两个模块构成，其中数据库的植物属性部分提供了一个具有300多种树木信息的基础数据库。但由于所提供的数据来源于美国本土各州市，所以使用该模型前必须修正一些基本参数或更新树种数据库。树种数据更新时需提供树木的叶密度、树高生长率、胸径生长率、树冠形状、树叶脱落情况、最大树高等级等详细资料，以便与系统和模型内自带的基础树种数据库匹配，并根据异速生长模型估算每棵树木的生态效益。具体计算公式为：

$$CS = CSF \times VCR \times A \tag{7-2}$$

$$CA = CAF \times VCR \times A \tag{7-3}$$

式中 CS——碳储量（t），研究区域内植被存储的碳总量；

CA——碳吸收量（$t \cdot yr^{-1}$），研究区域内植被每年吸收的碳量；

CSF——碳储存因子（$t \cdot hm^{-2}$），单位面积植被的平均碳储量；

CAF——碳吸收因子（$t \cdot hm^{-2} \cdot yr^{-1}$），单位面积植被平均每年吸收的碳量；

VCR——植被覆盖率（%），研究区域内植被覆盖面积，占总面积的比例；

A——研究区域面积（hm^2）。

（2）InVEST模型

InVEST模型全称为“生态系统服务功能与权衡交易综合评价模型”，由斯坦福大学和世界自然基金会共同开发。碳汇核算的原理是借助土地利用 / 土地覆盖（LULC）数据和4个主要碳库（地上生物碳、地下生物碳、土壤碳和死亡有机碳），估算景观中的碳储存及其时间变化，计算公式见（7-4）。因此需要用户提供 LULC 地图及碳库密度表格，以计算每种 LULC 类型的碳含量，必要时还需指定碳价格及折价率，用来估算封存碳的经济价值。InVEST 模型的结果输出包括碳储存量、碳封存量及其经济价值等信息，可以生成栅格文件分别显示不同情景下每像素的碳储存变化，报告文件中也可提供各个碳库总量。

InVEST 模型最大的优势在于适用于各类景观尺度，具有应用成本低、数据易获取、操作便捷和可视性强等特点，能有效解决生态系统碳汇能力定量化评估研究难以可视化和分析不足的问题。但它也存在局限性，模型简化了碳循环过程，假设碳储存随时间线性变化，忽略了碳库间的转换动态，且未包含光合作用速率等重要生物物理条件，可能导致估算误差；同时，模型结果精确度受土地利用和碳库数据质量的限制。

$$C_{totali} = \sum_{j=1}^{n} A_{ij} \times (C_{aj} + C_{bj} + C_{sj} + C_{dj}) \tag{7-4}$$

式中 C_{totali}——区域i的总碳储量（t）；

A_{ij}——区域i土地利用类型j的面积（hm^2）；

C_{aj}、C_{bj}、C_{sj}、C_{dj}——土地利用类型j的地上生物碳密度、地下生物碳密度、土壤碳密度和死亡有机物碳密度（$t \cdot hm^{-2}$）；

n——土地利用类型数量。

7.1.2 遥感估算法

遥感估算法主要通过获取绿地植被的光谱信息，并结合地面调查数据和反演模型进行绿地碳储量的估算。这种方法覆盖范围广，时效性强，可快速获取大面积绿地的相关数据，在开展较大尺度范围绿地碳汇动态变化核算时优势显著，为城市绿地碳汇的大范围监测提供了有力支持。不过，该方法对遥感数据和反演模型的精度要求严苛，需要专业技术人员进行操作与分析，且数据处理和模型构建过程复杂，成本相对较高。目前，基于遥感技术开展城市碳汇估算的模型模拟法，主要分为参数模型和过程模型。参数模型通过建立植被光谱与碳储量的统计关系实现估算；过程模型则基于生态系统碳循环过程，综合考虑多种环境因素进行碳汇动态模拟。二者各有优劣，参数模型简单高效，过程模型更能反映碳循环机制，为城市绿地碳汇核算提供了多样化选择。

7.1.2.1 参数模型法

参数模型又称半经验模型，即在收集到各类相关参数的基础上，利用经验公式来求解碳通量大小，如常用的CASA（Carnegie-Ames-Stanford Approach）模型就是经典的参数模型法，应用非常广泛。

CASA模型是基于遥感的过程模型，该模型以遥感数据为基础数据，结合气候环境变量（气温、降水、太阳辐射）和植被生理参数，以光合有效辐射（APAR）和光能利用率的乘积表示净生产力*NPP*（Potter et al.，1993），适用于长期序列和大尺度范围的*NPP*估算，模型的估算公式为：

$$NPP(x,t)=APAR(x,t)\times\varepsilon(x,t) \tag{7-5}$$

式中 $NPP(x,t)$——像元x在t时间内的NPP（$gC\cdot m^{-2}\cdot a^{-1}$）；

$APAR(x,t)$——像元x在t时间内的光合有效辐射（$MJ\cdot m^{-2}\cdot a^{-1}$）；

$\varepsilon(x,t)$——像元x在t时间内的实际光能利用率（$gC\cdot MJ^{-1}$）。其中光合有效辐射根据太阳辐射总量和植被吸收太阳辐射的能力计算，计算公式如下：

$$APAR(x,t)=SOL(x,t)\times FPAR(x,t)\times 0.5 \tag{7-6}$$

式中 $SOL(x,t)$——x像元在t时间内的太阳辐射总量（$MJ\cdot m^{-2}\cdot a^{-1}$）；

$FPAR(x,t)$——x像元在t时间内植被层对入射光合有效辐射的吸收比。

7.1.2.2 过程模型法

过程模型是以森林生态系统生理生态过程为基础，从机理上模拟植被光合作用、蒸腾作用和呼吸作用，以及它们与环境之间的物质和能量交换过程，从而实现生态系统碳循环及其对气候环境变化和对人为干扰响应过程的模拟，主要包括CENTURY模型（Parton，1996）、Biome-BGC模型、BEPS模型（Boreal Ecosystem Productivity Simulator）等。过程模型基于生理生态机理建模，在碳循环等模拟中具有明显优势。目前在森林碳循环与碳源/汇动态相关的研究中已广泛采用。

（1）CENTURY模型

CENTURY模型是由Parton（1996）创建的生物地球化学模型，起初被用于模拟草地生态系统中元素的长期动态变化，是关于植物与土壤营养物质循环的模型。该模型以草地生态系统为基础，后又不断发展改进，现常用于森林等其他生态系统有机碳的模拟与估算。模型主要由四部分组成：土壤有机质分解子模型、植被生产力子模型、水文子模型以及养分循环子模型（Parton，2024）。该模型不但考虑了气候因素和植物的生理生态过程，也考虑了土地的利用方式和管理方式（耕作、施肥、灌溉、放牧、火烧等）对碳氮循环的影响，同时还能模拟生态系统碳循环对大气中二氧化碳浓度等自然因素的响应。

CENTURY模型中针对立地具有环境驱动变量包括月平均气候要素（月降水量、月降水量标准差、月降水量偏度、月平均最高/最低气温）、土壤特性（砂砾、粉粒、黏粒、岩石、有效土层深度、土壤容重、pH值等）、植物物候和生理特征（如植物生长季、C_3和C_4植物）、植物化学特征（木质素含量、N含量）、大气氮沉降和土壤氮的输入。通过输入本地参数，最终可直接输出净初级生产力*NPP*值和土壤有机碳储量（SOC）。

（2）Biome-BGC模型

Biome-BGC模型由美国蒙大拿大学森林学院数字陆地生态系统模拟组开发。该模型充分考虑了气温、降水、大气二氧化碳浓度、土壤及植被生理生态特征等多种关键环境因子，能够模拟不同气候带和生态系统类型的碳、氮和水循环过程。

Biome-BGC模型的运行需要3个输入文件：初始化文件、气象数据文件和生理生态参数文件（White et al.，2000）。初始化文件规定了模型运行方式、坐标、海拔以及输出结果等基础数据；气象数据文件要求是多年逐日数据；生理生态参数文件需要根据不同植被类型进行修改和选择。模型本身提供了落叶阔叶林、落叶针叶林、常绿针叶林、常绿阔叶林、灌木林、C_3草地、C_4草地七大类植被的默认参数值。具体来说，模型的运行可分为两种模式，一种是将实测数据输入初始化文件，直接运行模型开始模拟；另一种是Spin-up模式，即运行模型自带的Spin-up程序，将模拟起点的碳氮存量设为极低值，反复循环模拟，直到默认系统达到稳定状态，Spin-up过程结束。模型光合作用计算公式如下：

$$V_j = V_{max} f(T_{min}) f(\omega) \tag{7-7}$$

$$V_n = \left(\frac{V_j}{\beta} LAI\right) \ln\left\{\frac{V_j + \theta \cdot PAR}{V_j + \delta \cdot PAR \cdot \exp(-\beta LAI)}\right\} \tag{7-8}$$

$$P = V_j \cdot LAI \cdot \delta D \tag{7-9}$$

式中 V_j——受温度和气温影响下的日最大光合作用速率（$\mu mol\ CO_2 \cdot m^{-2} \cdot s^{-1}$）；

V_{max}——温度和降水条件达到最理想状态时的光合作用最大速率（$\mu mol\ CO_2 \cdot m^{-2} \cdot s^{-1}$），对$C_4$和灌木分别取7.5、6.0；

T_{min}——每日最低温度（℃）；

ω——土壤和水分影响下的气压值（kPa）；

V_n——叶面积平均光合作用速率（$\mu mol\ CO_2 \cdot m^{-2} \cdot s^{-1}$）；

LAI——叶面积指数；

β——植被冠层消光系数；

θ——量子产率（$\mu mol\ CO_2 \cdot \mu mol^{-1}$光子）；

PAR——光合有效辐射（$\mu mol \cdot m^{-2} \cdot s^{-1}$）；

P——去除植被自养呼吸和异养呼吸后植被净光合作用；

D——日照射时长（s）；

δ——最大光合作用时间占总日照时长的比例。

（3）BEPS模型

BEPS模型是由Liu 等人（1997，2002）在Forest-BGC模型基础上发展而来，用于解释和预测碳通量、水能量的生态遥感耦合模型，最初是为了模拟加拿大北方森林以日为时间步长的净初级生产力（NPP）而开发的。模型涉及生化、地理和物理等机理方法，结合了生态学、生物物理学、植物生理学、气象学和水文学的方法来模拟植物的光合作用、呼吸作用、碳分配、水分平衡和能量平衡等过程。与其他模型相比，BEPS模型最主要的特点在于将遥感数据与机理模型有机地结合起来，能够模拟植被总初级生产力（gross primary productivity，GPP）、净初级生产力和蒸散发（evapotranspiration，ET）等。

在BEPS模型中，净初级生产力是通过总初级生产力减去植被自养呼吸（Ra）计算得到的。模型使用双叶片方法，将叶片尺度生化模型扩展应用到植被冠层，以此来模拟GPP。具体而言，模型分别计算了叶片冠层中向阳叶和遮阴叶的光合作用速率，计算公式如下：

$$GPP = (A_{sun} LAI_{sun} + A_{shaded} LAI_{shaded}) \times D \times Factor_{GPP} \tag{7-10}$$

式中 A_{sun}、A_{shaded}——阳生叶和阴生叶的同化速率（$\mu mol\ CO_2 \cdot m^{-2} \cdot s^{-1}$）；

D——日照时长（s）；

$Factor_{GPP}$——转换比例因子；

LAI_{sun}、LAI_{shaded}——阳生叶和阴生叶的LAI。

与其他过程模型相比，BEPS模型很好地解决了利用遥感数据时生态过程模型中时空尺度转换的难题，以及来自不同数据源的不同类型数据的兼容问题，输出的结果为从日到年不同时间分辨率的总初级生产力、净初级生产力、蒸散发等，输出的时间分辨率可以根据需要进行调整。

7.2 绿地尺度碳汇计量

中观尺度的公园或居住区等城市绿地的碳汇计量评估，多借助样地清查法、微气象法与模型模拟法。其中样地清查方法主要涉及平均生物量法，微气象法为涡度协方差法，模型模拟法则主要采用i-Tree模型、The Pathfinder模型以及NTBC模型等。

7.2.1 样地清查法

对某一个具体的城市绿地地块，通常借助样地清查法获得样地的平均生物量与该类型绿地面积来求取绿地生物量。其中，标准木解析法是一种常用于测量树木生物量的方法，其测量准确度高。然而该方法对于物种丰富度极高的城市绿地而言，工作量及人力物力消耗较大。由于不便通过采伐干燥来获得单株标准木生物量，因此在实际应用中，通常利用标准木解析法得到优势树种的高精度实测数据构建生物量回归方程（如异速生长方程），再逐步进行树木生物量的估测。

生物量估算方程一般选取研究地域附近或气候条件相似区域的树木方程。在实践中，常常采用同一树种的多个生物量方程的平均结果，以获得更为准确的干生物量（Liu & Li，2012）。若方程仅计算地上生物量，则用全部生物量根据根冠比（root-to-shoot ratio）来估算。当缺乏物种生物量方程时，通常采用其同属物种方程，再无则采用通用方程估算（Liu & Li，2012）。此外，城市绿地树木修剪严重，树木生物量比自然状态下要小，因此计算过程中会乘以相应修正系数，也会根据树木长势和健康条件的差异，乘以相应的调整系数（Nowak & Crane，2002）。平均生物量法推算树干生物量精度较高，但对枝条和叶生物量估算的误差较大（方精云 等，2002）。

7.2.2 微气象法

微气象法通过直接测量植被与大气之间的碳通量来估算碳汇量。这种方法可以连续监测碳通量的动态变化，为理解城市绿地碳循环过程提供了有力工具。该方法以小气候特征监测为基础，可直接对绿地与大气之间的二氧化碳通量进行连续、动态的观测，广泛应用于碳通量变化及其环境响应机理的研究，代表性方法是涡度协方差法（eddy covariance method）。

涡度协方差法是目前进行长时序生态系统二氧化碳通量监测中较为经典有效的野外观测技术，时间分辨率高，且估算的植物总初级生产力（GPP）具有较高的可靠性。该方法是基于站点的传统生态学研究方法，利用涡度协方差技术，借助相关仪器测量大气与生态系统之间的水分、热量和二氧化碳的交换，从而间接计算出研究区碳通量，处理后获得通量贡献区GPP的方法（林尚荣 等，2018）。涡度协方差法被认为是植被群落水平二氧化碳和水汽通量较为有效的直接测定方法。

涡度协方差法相较于静态箱法能够实现长时序、小尺度生态系统的自动通量数据观测，对下垫面植被及周围环境的干扰较小，能更准确地直接测定生态系统的二氧化碳通量，可对被测样地进行连续观测且能够在短时间内获得大量数据。但涡度协方差法需要专业的设备和长期的观测数据支持，实施难度较大，同时，由于涡度协方差法属于小尺度定点观测方法，在特定站点得到的结果难以直接外推至其他站点。对于空间异质性较高的城市区域及城市绿地而言，须考虑城市绿地下垫面是否均匀，以及通量观测范围，通量塔或移动通量站的布设是否合理等问题，以便判断是否适用温度相关技术开展城市绿地碳源与碳汇动态监测。

7.2.3 模型模拟法

7.2.3.1 i-Tree模型

i-Tree是由美国林务局开发的城市林业分析和生态效益评价模型。在城市绿地碳汇量估算方面，主要使用其i-Tree Streets和i-Tree Eco模块。i-Tree Eco主要用于对整个城市森林树木的碳汇效益进行评估，而对于街道树木多使用i-Tree Streets。i-Tree Eco是根据现场数据、当地每小时空气污染和气象数据对城市森林结构、环境影响和社区价值，进行量化，评估树木年度效益（Baines et al.，2020）。i-Tree Streets则是一种面向城市森林管理者的街道树专用分析工具，主要利用树木清单数据量化树木年度效益的结构、功能和价值（King et al.，2014）。这两个模型都可以制作关于城市森林结构、功能和价值的表格和图表，并可以以多种格式导出。内容不仅包括研究对象对二氧化碳的储存和封存，还包括研究对象对建筑能耗的影响和间接减少的二氧化碳排放、空气污染的去除等。

7.2.3.2 The Pathfinder模型

The Pathfinder模型是美国开发的城市景观碳计算系统，以网页形式呈现。该模型通过量化景观设计方案的碳足迹和碳汇能力，指导设计师优化设计方案以达到特定的碳减排目标从而为缓解气候变化作出积极贡献。用户需要输入的信息包括：①碳源，该系统包含景观工程中的80种常用材料，以及这些材料从提取、制造、运输、安装、使用/维护和替换中产生的相关碳排放，此部分数据来源于加拿大雅典娜可持续材料研究所；②碳汇，树木、植物、湿地和某些类型的草地从大气中吸收二氧化碳，并将碳固定到土壤中，所有用于计算乔木和灌木的碳汇数据都来自美国林务局；③碳成本，是指在修剪乔木和灌木时使用机器和肥料所产生的排放。这些排放在项目的使用期内定期发生，通常称为“运作过程中产生的碳”，该部分数据来源于美国保护署（Bossy et al.，2022）。The Pathfinder模型在系统给定的地图上可以划定不同尺度的研究对象，但由于后期要输入场地设计要素的具体信息，研究区域不宜过大。

7.2.3.3 NTBC模型

NTBC模型是在i-Tree模型的基础上开发出的树木效益计算器，并在操作界面、技术路线、数据输入等方面都进行了简化。NTBC模型利用树木的高度和直径估算研究对象的地上生物量，然后通过换算将地上生物量转换为固碳量，对研究对象的年固碳量进行估算。该模型中研究对象的年固碳量实际上是以生物量形式储存的碳年增量（Lindsay，2018）。

7.3 植株尺度碳汇计量

微观尺度的单一植物个体或植物群落的碳汇能力研究，大多基于野外调查，同时结合生物量模型法、光合速率法及实验室测定法等研究方法。对于植物个体碳汇效益的测定与计算，对应日固碳量和碳储量两个方面，通常采用同化量法和生物量法两种计算方法。

7.3.1 同化量法

同化量法即通过测定植物叶片光合生理指标，如净光合速率、蒸腾速率、胞间二氧化碳浓度、气孔导度等，计算植物的净同化总量、净固碳量，结合叶面积、绿量等结构参数得到植物固碳量，常用在小尺度上评价不同植物固碳能力强弱、筛选高碳汇物种、分析植物光合作用影响因子等。目前已有许多研究基于同化量法对城市绿地物种的碳汇能力进行测算，为不同地区高碳汇树种选择提供了参考（薛海丽 等，2018）。

植物日同化量是根据净光合速率日变化图中净光合速率曲线与时间横轴围合的面积，用简单积分法可以计算植物叶片的日净同化量。日净同化量计算公式如下（饶显龙 等，2014）：

$$P=\sum_{i=1}^{j}[(P_i+P_{i+1})/2\times(t_{i+1}-t_i)\times3600/1000] \tag{7-11}$$

式中 P——测定日单位叶面积的日同化量（$mmol\cdot m^{-2}\cdot d^{-1}$）；

P_i——初测点的瞬时光合速率（$\mu mol\cdot m^{-2}\cdot s^{-1}$）；

P_{i+1}——下一测点的瞬时光合速率（$\mu mol\cdot m^{-2}\cdot s^{-1}$）；

t_i——初测点的瞬时时间（h）；

t_{i+1}——下一测点的瞬时时间（h）；

i——测试次数。一般植物晚上的暗呼吸消耗量按照白天同化量的20%计算，测定日的总同化量换算为测定日固定CO_2量，计算公式如下：

$$W_{CO_2}=P\times(1-0.2)\times44/1000 \tag{7-12}$$

式中 W_{CO_2}——单位面积的叶片固定CO_2量的质量（$g\cdot m^{-2}\cdot d^{-1}$）；

44——CO_2的摩尔质量（$g\cdot mol^{-1}$）。

单株植物日固碳量计算公式如下：

$$S_{CO_2}=W_{CO_2}\times S \tag{7-13}$$

式中 S_{CO_2}——单株植物叶片固定CO_2的质量（$g\cdot d^{-1}$）；

S——植物单株总叶面积（m^2）。

虽然目前已有一些利用同化量法实现城市绿地植被碳汇监测的研究，但该方法存在一定的不确定性，如温度、降水等环境因子对光合速率的影响，相同树种不同生长阶段的光合速率差异，叶片尺度的固碳量推算到整株甚至绿地尺度等都有可能引起计量结果的不确定性。

7.3.2 生物量法

植物通过光合作用吸收二氧化碳合成碳水化合物，并转化为根、枝、叶、花、果等，从而使得植物各组织可以不断生长蓄积新的生物量。生物量法通常采用生物量扩展因子法计算，建立单株植物碳储量与测树指标间的数量关系，是一种常见的方法（罗云建 等，2009）。它通过测量植被的生物量（干重）来估算碳储量。这种方法适用于各种植被类型，但需要大量的实地调查和采样工作来确保测量的准确性。

测定乔木碳储量时，首先需要测定样地内乔木的胸径和株高，利用立木材积公式得到单株乔木材积，并使用树干材积密度、生物量扩展因子、碳含量计算乔木地上碳储量，通过根冠比计算乔木的地下碳储量，将地上、地下碳储量相加，最终可以得到乔木整株的碳储量。具体公式如下：

$$V=f\times(H+3)\times g \tag{7-14}$$

$$CS_a = V\times WD\times BEF\times CF \tag{7-15}$$

$$CS_b = V\times WD\times BEF\times CF\times R \tag{7-16}$$

$$CS_t = CS_a + CS_b \tag{7-17}$$

式中 V——材积（m^3）；

f——实验形数；

H——株高（m）；

g——胸高断面积（m^2）；

CS_a——乔木地上碳储量（kgc）；

CS_b——乔木地下碳储量（kgc）；

WD——木材密度（$kg\cdot m^{-3}$）；

BEF——生物量扩展因子；

CF——植物含碳率；

R——生物量根冠比；

CS_t——单株乔木碳储量（kgc）。

同理，计算灌木碳储量时，利用灌木基径作为主要参数（Wang et al.，2021），估算灌木地上生物量，再使用植物含碳率和生物根冠比，得出灌木的整株碳储量，具体计算公式如下：

$$W = 0.182BD^{2.487} \tag{7-18}$$

$$CS_c = W\times CF \tag{7-19}$$

$$CS_d = W\times CF\times R \tag{7-20}$$

$$CS_s = CS_c + CS_d \tag{7-21}$$

式中 W——灌木地上生物量（kg）；

BD——灌木基径（cm）；

CS_c——灌木地上碳储量（kgc）；

CS_d——灌木地下碳储量（kgc）；

CF——植物含碳率；

R——生物量根冠比；

CS_s——单株灌木碳储量（kgc）。

尽管城市绿地碳汇计量面临诸多挑战和难点，但其重要性不容忽视。随着全球气候变化问题的加剧，城市绿地在碳中和、生态恢复等方面的作用日益凸显。准确计量城市绿地的碳汇能力不仅有助于评估城市的生态服务价值，还为制定科学合理的碳中和政策提供重要依据。通过加强城市绿地基础数据的调查和收集工作、推动先进技术的应用以及加强方法研究等措施，人们可以不断提高城市绿地碳汇计量的准确性和效率。

思考题

1. 如何理解碳源、碳汇、碳储量、碳汇量等概念？

2. 请以你所在城市的公园为例，选择合适的方法进行公园绿地碳汇估算。

拓展阅读

1. 生态系统固碳观测与调查技术规范. 生态系统固碳项目技术规范编写组. 科学出版社，2015.

2. 城市生态系统碳汇. 石铁矛，汤煜，李沛颖. 中国建筑工业出版社，2022.

3. 城市绿化碳汇计量与监测技术规程：DB33/T 2416—2021[S/OL]. 浙江省林业标准化技术委员会. 2022-01-24.

第8章 国内外优秀碳汇植物景观营建案例

本章提要

随着全球气候变化加剧、“双碳”战略目标实施与低碳城市建设的发展，国内外已有不少将低碳理念融入城市绿地设计的实践，营建出许多兼顾科学、生态、美观和可持续原则的碳汇植物景观，对城市园林建设发展、城市低碳化建设起到重要的引导和推动作用。本章以规划设计科学合理、注重提升植物景观碳汇功能、受到社会广泛认可、采用先进技术手段为原则，选择北京温榆河公园·未来智谷、成都活水公园、深圳零碳公园、新加坡翠鸟湿地4个国内外优秀碳汇植物景观营建案例进行介绍。

8.1 北京温榆河公园·未来智谷

8.1.1 项目基本信息

项目位置：北京市昌平区北七家镇七北南路北京温榆河公园

项目建设面积：48.75hm^2

项目建成时间：2021年

8.1.2 项目建设背景

北京温榆河公园位于朝阳、顺义和昌平三区交界处，清河与温榆河交汇处，是北京市东北部的重要防洪廊道和生态廊道。项目园区在“生态、生活、生机”的理念指导下，按照“一年启动，两年示范，五年成型，十年保育，多年成景”的目标推进建设，营建成长型公园，大幅度拓展北京中心城区的生态空间，打造新时代首都生态文明建设的民生工程和精品工程，成为落实新版北京城市总体规划的亮点（图8-1）。

温榆河公园昌平段紧密结合未来科学城东区“能源谷”的定位，发挥科技创新、产业聚集等优势，以智慧园区和高端能源技术应用为核心，打造北京第一座“碳中和”主题公园。“未来智谷”项目坐落在北京温榆河公园西北处，紧靠昌平区“能源谷”的东南部，占地48.75hm^2，分为两个阶段建设，是北京温榆河公园的核心区域，是北京六环内最大的“绿肺”（图8-1）。

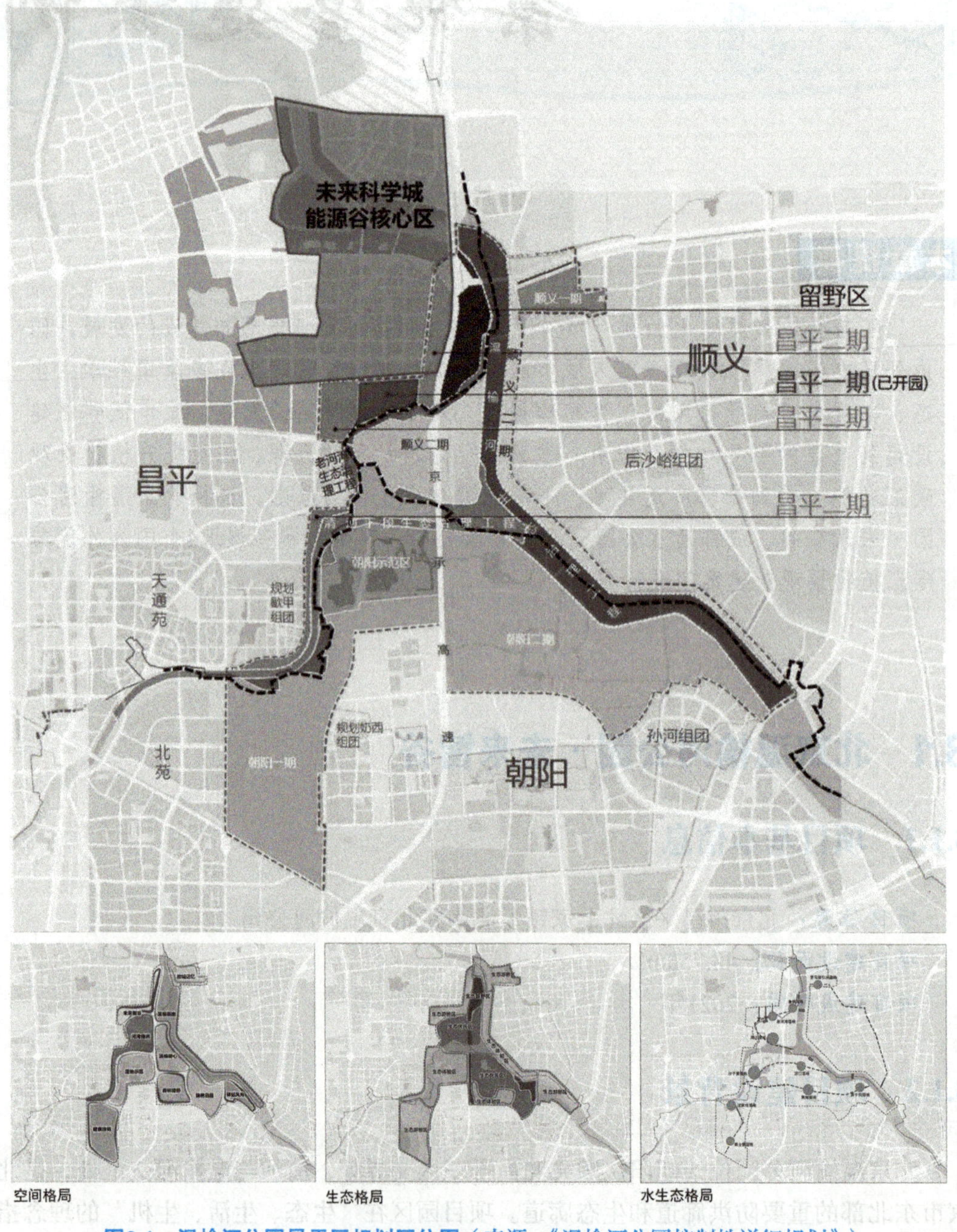

图8-1 温榆河公园昌平区规划区位图（来源：《温榆河公园控制性详细规划》）

8.1.3 低碳设计策略

温榆河公园·未来智谷园区紧扣“双碳”战略目标，以碳中和为核心内容建设科普基地，在园区内建设有“低碳驿站”“碳心广场”“童趣碳知园”“青林集萃”“花间竞技”“听溪入画”“一‘碳’究竟园”“森林画室”“森林之环”“生态客厅”“‘碳’索之路”等12个主要景观分区，全园建设以低碳环保材料为基础引入“碳积分”智慧园区系统，建立“碳中和主题公园”。园区内的游赏体验营造以“沉浸式参观体验”“情景应用示范”“积分游园”系统为主线，依托“碳的世界”“中国力量”“和谐家园”三个主题区域，全线全区充分贯穿“低碳”主题，向社会公众展现绿色能源与低碳科技，开展“双碳”战略目标科普宣传，倡导绿色生活方式。

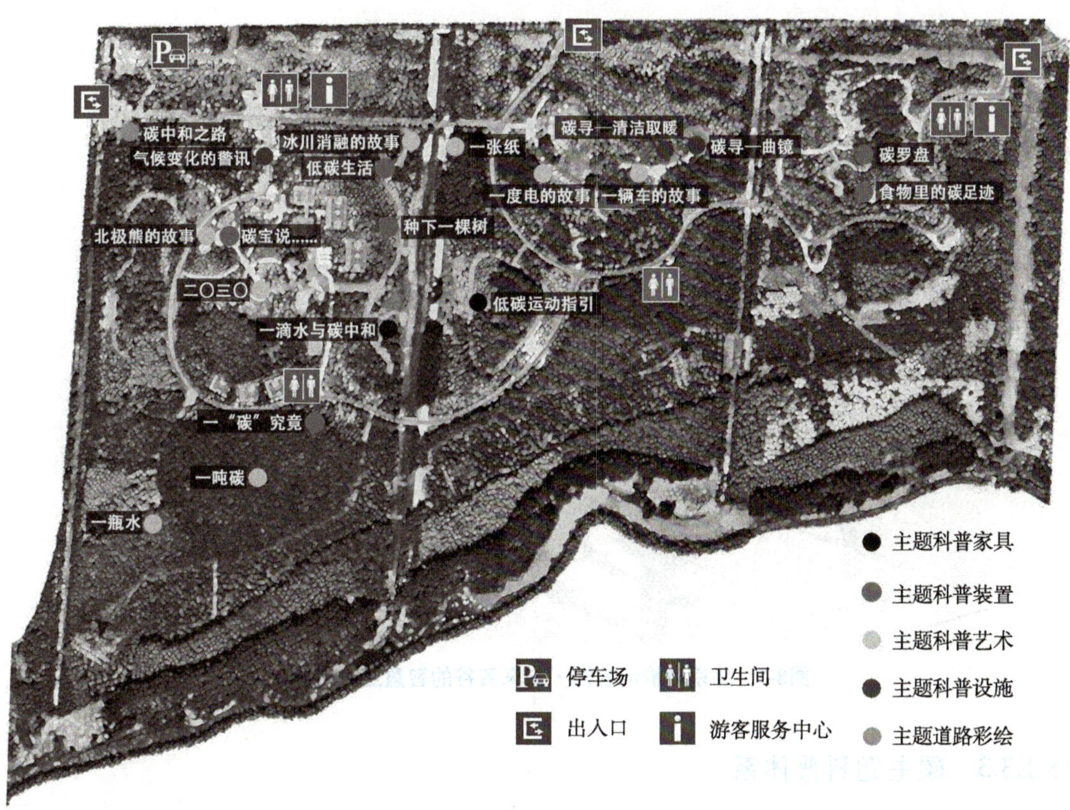

图8-2　北京温榆河公园·未来智谷地图（来源：北京温榆河公园官方服务号）

8.1.3.1 提高植被碳汇与低碳建植管理

园区建设基于对原有生态林地用地及种植结构的调整，在最大限度保护原有林地生态系统功能的基础上，优先选用固碳能力较强的植物和易养护的乡土植物，合理配置速生树与慢生树种的应用比例，优化植物群落组成，提升植物群落整体固碳效率以及碳储存的稳定性，维系生态系统碳氧平衡，同时营造高质量生境，为提升生物多样性创造条件，借助自然再生能力来提高绿地生态效能，体现低碳公园理念。根据对原有林地及新建树木碳汇效益的测算，未来智谷项目到2060年累计碳汇将达到12 646t。

8.1.3.2 低碳环保设施与技术产品的应用

园区的建设和施工过程中，大量采用了低碳环保的科技产品，实现了建设的低碳化。例如，在广场、道路等建设中，大量采用透水砖、再生骨料等铺装材料，最大限度减少石材用量；除了采用太阳能玻璃，还使用了被动式低能耗玻璃幕墙、竖向与屋面绿化、屋顶雨水收集与利用等技术产品，减少绿地日常运行中的能耗和用水量。此外，园区还建立了“碳积分”智慧游园系统等各类智慧互动设施为游客带来全面的低碳体验，以加深人们对绿色低碳生活的认识（图8-3）。

图8-3 北京温榆河公园·未来智谷的智慧互动设施

8.1.3.3 碳主题科普体系

园区内设计了完整、系统的碳主题科普体系（图8-4），围绕“碳的基础理论与气候变化”（碳的世界）、“中国应对气候变化的贡献”（中国力量）、“碳中和的道路及远景”（和谐家园）3个方面编制“双碳”战略目标知识点260多个，将科普知识通过环境艺术装置传递给游客，营造博物馆式的户外公共空间。其中，介绍了大量与植物碳汇、低碳绿地管理等相关的碳汇植物景观营建相关科普知识点。例如，“一碳究竟”介绍了北京昌平温榆河公园绿地植被碳汇效益计量监测的相关方法和指标参数等科普知识点；“种下一棵树”科普了一棵生长健康的壮龄树木平均每年可以吸收固定的二氧化碳总量，以及哪些因素会影响树木的碳汇效益，如何通过合理的树种选择搭配和养护管理更好地提高树木的碳汇能力等科普知识点；“一吨碳的故事”则依托园区内现有的大面积刺槐林，结合动态科普展板，介绍了1hm^{2}刺槐林吸收固定1tCO_2需要的生长时间与生理过程，为游客提供可视化的绿地植被碳汇的原理知识。

图8-4　北京温榆河公园·未来智谷的碳主题科普设施

8.2　成都活水公园

8.2.1　项目基本信息

项目类型：公共空间、老旧公园更新、公园低碳转型

项目位置：成都市锦江区华星路5号

项目面积：2.6hm^2

8.2.2　项目建设背景

成都活水公园地处成都市中心城区府南河畔红星桥和华星路之间（图8-5），建成于1998年，是世界上第一座以水生态为主题的城市生态环境教育公园，也是20世纪90年代成都市府南河综合整治工程中最具代表性的实践案例。

公园整体造型呈鱼形，暗喻人与自然间的关系如鱼水相依，全长约562m，宽约75m，占地约2.6hm^2，向公众展示了河水由浊变清、由“死”变“活”的生命过程。曾获1998年国际“优秀水岸设计最高奖”、国际“环境地域设计奖”、2010年上海世博会

图8-5 成都活水公园入口

“城市最佳实践区”案例等。

公园自开园经过了20余年的长期运行，园内植物生长状态不佳、景观效果下降，原有空间功能与活动设施难以满足市民需求等问题日渐突出。在此背景下，公园先后于2015年和2021年对园区进行改造更新提升。2015年，公园全面改造了全园范围内的雨水自然处理设施与雨水花园系统，提升了公园绿地的雨洪调蓄功能。2021年，公园为配合成都公园城市建设推进锦江“第三次转型”与锦江公园“九大行动”的契机，在传承活水公园环保理念、保护原植物生态群落、延续活水公园景色的前提下再次启动改造提升，对全园植被系统、设施空间与运行管理等进行全面的提升改造，成功让公园以“生态文明交流窗口、活水名片、零碳公园”的新姿态展现在公众面前，实现了传统公园绿地向“城市绿色综合体”的绿色低碳转型。

8.2.3 低碳设计策略

8.2.3.1 人工湿地生态净水系统

活水公园的改造提升进一步完善了园内原有的生态净水系统，通过地形高差、沉淀降解、植物吸收、物质循环等一系列代谢过程净化水质，开创了我国人工湿地生态净水的先河。公园采用鱼形仿生结构，在平面造型上模拟鱼的外形，并根据鱼的不同身体构造进行水处理区域划分与功能模拟，形成了鱼眼状厌氧沉淀池、鱼鳃状增氧池、鱼鳞状层叠湿地塘床、鱼尾溪流等（图8-6）。

依托总体竖向设计，通过大型水车抽取锦江河水从“鱼嘴”流入，让水一直顺着地势、依靠重力流淌，贯穿全园而终年流淌不息，形成极其自然的动态净水系统，净

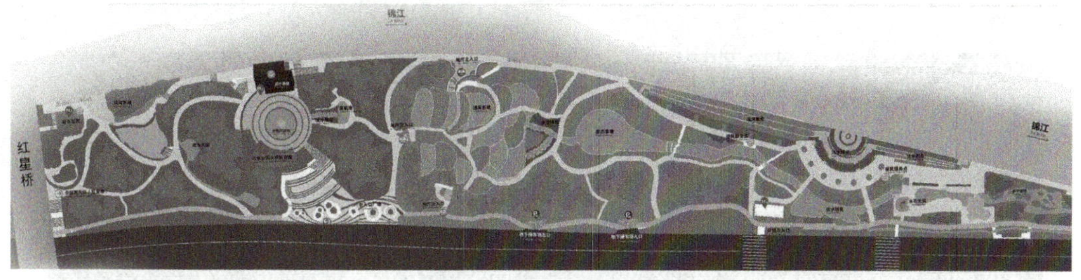

图8-6　活水公园平面图

化后的河水流经“鱼腹”“鱼尾”，创造了可以开展亲水、戏水活动的空间。在“鱼尾”附近，海绵城市试验平台又通过模拟的闪电、雷雨、雨水，形象生动地向公众展示“能喝水”“会呼吸”的海绵城市理念。上述人工湿地生态净水系统的打造实现了低能耗、低费用、高效益的可持续发展，有效实现了低碳排放。与此同时，场地内生态系统稳定性提升，水生物栖息环境优化，吸引鸟类安家，有效提升了区域生物多样性。

8.2.3.2　近自然生态植物群落

在低碳理念下的植物景观设计中，植物材料的选择和配置形式十分关键。合理利用乡土植物，结合植物生态习性和生境条件，有效打造独具地域特色的植物景观，实现地域文化、生态和景观效果的有机交融。经过原设计建造和历次的植被更新提升工程，公园有效统筹协调了植物保护与特色差异化表达、植物生长与空间形态、植物展示与游人活动的关系，形成了独有的四类植物模式，开展保护修复优化，有效确保了绿地植被整体的碳汇能力。配套增加植物科普铭牌，打造天然“植物博物馆”。

（1）峨眉山原生群落植物模式

活水公园自建园设计之初，营建“仿峨眉山植物群落”就是其植被群落设计的经典特色，在建园后20余年的养护更新中，园内植物构成始终坚持以峨眉山原生群落植物与本地乡土植物为主，少量搭配新优引进植物，塑造具有空间层次的森林植物群落（图8-7）。园内有峨眉山珍稀植物5种23棵（峨眉桃叶珊瑚、观音莲座蕨、峨眉含笑、峨眉四照花）、中国特有濒危植物9种109棵，全园植物品种从200余种增至300余种，整体碳汇功能进一步得到提升。不仅如此，园内植被多样性丰富，植物群落结构稳定，积极发挥着滞尘、固碳、释氧等生态功能，对区域环境气候、土壤和水源都起到了调节和保护作用。夏日时园内气温比园外可低3℃左右，空气质量$PM_{2.5}$、PM_{10}指数常年保持在个位数，已是天然的“空调房+氧吧”。同时，环境的有效改善，吸引了多种鸟类栖息，进一步丰富和提升了场地的生物多样性。

（2）丰富植物群落结构

根据不同区域实际情况合理优化、丰富植物群落结构，例如，在群落边界品种单一的林下空余空间增补桫椤与阔叶大灌木作为骨架；地被部分增加蕨类植物、耐阴耐水湿乡土或特色植物，与旱溪区域景观相呼应，形成自然生态的群落过渡界面。复层种植结构有效提升了单位面积内植物的固碳效益（图8-8）。

图8-7 活水公园内的森林植物群落

图8-8　活水公园更新后部分植物景观节点图

图8-8　活水公园更新后部分植物景观节点图（续）

（3）塘床植物模式

在人工湿地塘床中，种植了浮萍、紫萍、凤眼莲等漂浮植物，还有芦苇、水烛等挺水植物，以及金鱼藻、黑藻等几十种沉水植物（图8-9）。这些植物与自然生长的鱼、昆虫和两栖动物等，构成了良好的湿地生态系统和野生动物栖息地，既承担了净化水

图8-9 活水公园水生植物景观

体的作用，又具备良好的观赏性，同时还肩负一定的固碳作用，实现了观赏与生态价值有效融合。

（4）驳岸植物模式

驳岸形式及植物的生长状态在一定程度上影响整体植物景观效果。合理的硬驳岸与软驳岸搭配，不仅可以有效提升现状驳岸景观效果，还可以提高驳岸范围内的碳汇能力。园中通过局部破除原有驳岸，以叠石塑造自然蜿蜒岸线，搭配耐湿、耐阴的阔叶骨架植物与多样化绿色地被，增补具有代表性的乡土植物，强化乡土生态驳岸群落特色，同样增强了单位面积范围内的固碳能力。

（5）界面植物模式

现状河岸界面以硬质化空间为主，缺少植被缓冲带。通过运用野花组合配置，并在生态铺装上播撒、补植地被等方法，打造多样化的水岸安全过渡带。城市界面在协调市政立面风貌的同时，强化了公园的特色。结合现状临街沟渠，重点处理杂乱阴湿的林下空间，运用蕨类、观叶类植物，打造分段式的阴生色彩主题花境。

8.2.3.3 微更新配套设施与功能空间

活水公园虽然面积不大，从“鱼嘴”步行游赏到“鱼尾”不过约10分钟，但更新改造后的沿途处处有亮点。

（1）路网梳理，实现绿道全贯通

园区围绕公园城市“城园融合”的理念，结合道路一体化打造，实现了公园片区滨河岸线全接驳、锦江绿道全贯通。重新梳理全园的动线系统，衔接多级绿色慢行体系，应用无障碍设计，提升公园整体可达性、连续性与便捷性。

（2）场地更新，实现场地新提升

在延续原风貌氛围的基础上，统筹协调各类更新。优化局部设施的功能与外观，如园路铺装翻新、污水管网梳理、建筑物外立面的协调提升等。注重场地原材料再利用，将旧红砂岩用于铺装收边，保留场地记忆，同时对基础功能查漏补缺，完善基础照明系统，并结合“夜游锦江”IP，增加功能性、特色化、艺术化的照明。

（3）科技加持，实现公园新赋能

通过科学的理水与植物栽植，结合新兴的生态灭蚊技术，使蚊虫治理更加生态。园内创新引进了全球首创的空气捕蚊机系统，是仅使用自然空气就能达到捕灭蚊虫的技术，不产生任何化学污染、光学污染和噪声污染。50台捕蚊机无死角覆盖整个公园，基本实现园内无蚊环境。结合水生态净化系统的梳理和滨水植被优化微调，既实现场地内水体自然流淌，又有效减少蚊虫繁衍。在促使园内环境提升的同时，实现了“体感基本无蚊”的体验，有效助力公园成为成都首座“无蚊公园”。

（4）配套丰富，实现科普再升级

结合园内配套家具设计、珍稀植物介绍牌、核心净水系统的节点介绍、流程展示、科普标牌、零碳展示系统、海绵城市试验平台等一系列配套设施，园内以沉浸式、智慧化的展陈手段，向观众科普锦江的历史、治理过程、活水公园的建造历史和净水原理等，传递水资源保护的重要意义，有效实现环保教育的目标。

8.2.3.4 低碳能源利用

公园在更新过程中，充分融入绿色低碳理念。在保留原有功能的基础之上，从规划设计、材料、施工、环境维护和更新五个方面，全面分析活水公园整个生命周期的碳足迹。同时，通过公园多样化的生态系统与光伏发电、植物减排实现固碳，达到减碳乃至零碳排放的目标（图8-10）。

（1）打造智能监控，实时监控碳排放数据

园区打造智能监控，部署多点位碳足迹检测系统，实时监控园内碳足迹及碳排放数据。市民游客可通过园区主入口的展示大屏，实时查看公园的碳排放量、碳汇量数据；通过提示，减少个人行为的碳排放，实现人人参与碳中和、碳减排。

（2）利用绿色能源，有效减少能源消耗

装载太阳能电池板的卫生间、自动气象站以及装配在川西民居建筑风格活水阁顶部的光伏屋顶与雨水收集器，都在一定程度上有效减少了能源消耗，实现了碳减排。

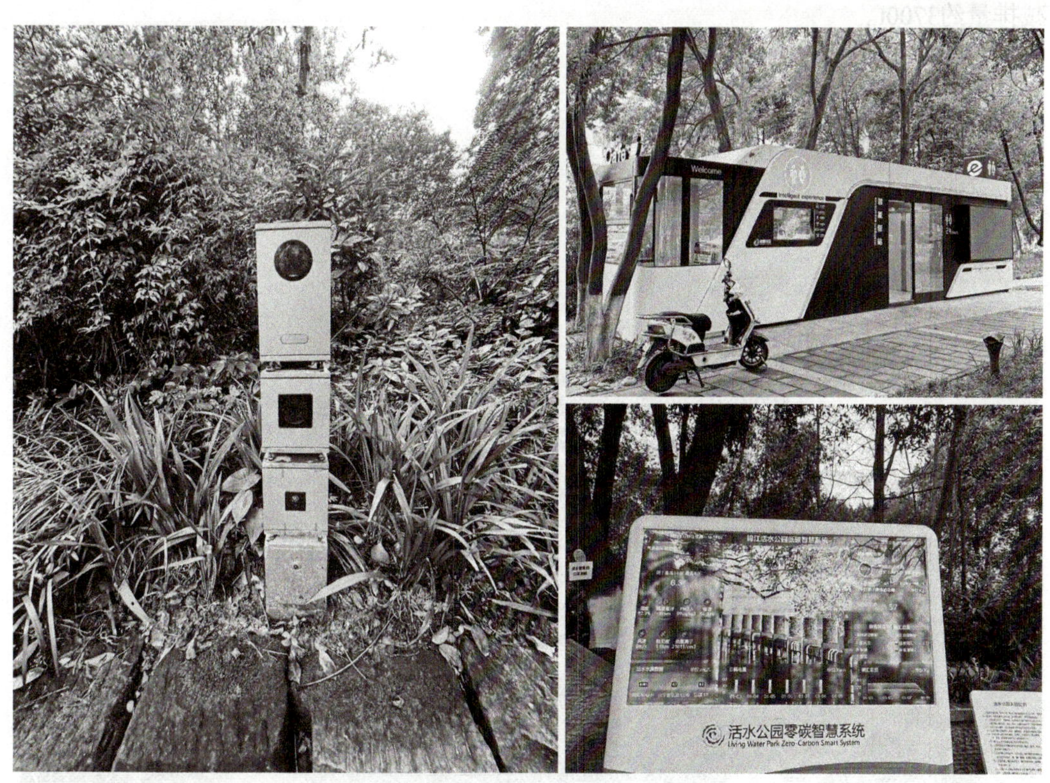

图8-10 活水公园低碳能源利用

8.3 深圳零碳公园

8.3.1 项目基本信息

项目位置：深圳市龙岗区坪地街道环坪路与果岭路交叉口坪地常青路交会处

项目建设面积：18.5hm^2

建成时间：2022年

8.3.2 项目建设背景

深圳零碳公园位于深圳国际低碳城核心区，占地约18.5hm^2。公园基于“适度—适合—适应”的原则，贯彻零碳公园六大低碳设计策略：LID低冲击开发、低碳植物设计、低碳工艺材料、低碳能源利用、海绵城市设计及低碳科普运营设计建成，是集生态游览、康体健身、碳汇科普与互动体验为一体的城市公园（图8-11）。公园每年可实现碳减排量约3700t。

图8-11　零碳公园的零碳生活馆

8.3.3 低碳设计策略

8.3.3.1 保留修复与利用

公园项目在开发过程中尊重生态基底，保留了原有乔木和地被资源，修复生态生境。通过充分利用原有山林、地形，保持土方平衡，采用微介入的设计手法提升公园的景观效果，同时达到保护动植物生存环境、控制项目成本的目的。

结合场地竖向变化，利用现状排洪水渠，系统梳理全园雨洪系统，构建在安全前提下的可参与场地，并在其中融入大型海绵体系。保留现状优质荔枝林，梳理林下空间，加入停留设施和儿童赤脚乐园（图8-12），使用树皮、松果、火山岩、卵石、泥地等的原生态铺装，节能减排。

公园登山路径均采用手作步道工艺，就地取材，因地制宜，以达到对山体动植物、土壤环境影响最小的目标。针对不同路段分别采用了不同种类的排水、高差、消能、护坡等处理方式。山林中的石材与风倒木被循环利用，充分考虑步道使用者的需求与感受，打造既符合环境美学又兼具生态保护功能的自然郊野径。

图8-12 零碳公园赤脚乐园

8.3.3.2 低碳植物景观设计

（1）高碳汇植物景观营建

全园在低碳理念指导下开展植物景观设计营建。在保留了大部分现状植被的基础上，对长势较差的桉树林进行了林相改造，增加了大腹木棉、宫粉紫荆等具有高固碳能力和乡土特色的植物，并根据植物的生长特点，合理配置植物群落层次结构和疏透度，达到错落有致、疏密相间的效果，增加植物景观的丰富度（图8-13）。

图8-13 零碳公园植物群落景观

公园通过种植凤凰木、人面子、红花羊蹄甲、宫粉紫荆、马缨丹等上千棵高碳汇树种，打造高碳汇植物群落景观。公园每天可实现碳汇量1272.34kg，全年碳汇总量达29.5t·a^{-1}。

（2）裸露边坡覆绿修复

项目设计秉承改善和治理的理念，在尊重场地原有地貌特征的基础上，力争最小化干扰。因场地表层土富含养分，改造过程中尽量避免了对土壤的破坏，慎用土壤改良剂，保留了场地内的表层土壤的自然属性及营养成分，防止对生态系统产生不良影响。同时对场地裸露边坡进行了覆绿修复，利用乔、灌、草结合的复层结构种植，提高了植物单位面积固碳效益，增强山体生态韧性。

8.3.3.3　海绵绿地设计

利用高差，营建旱溪、生态截水沟、雨水花园等海绵措施（图8-14），实现公园内雨水净化、回收与利用，年径流总量控制率为95.86%，面源污染削减率达90.20%，收集的雨水也用于公园的日常浇灌及路面清洗。

图8-14　零碳公园海绵绿地措施

8.3.3.4　回收材料与低碳能源利用

回收利用现状场地的倒木、开挖过程中的原生石块、临时施工道路路面的混凝土、废弃高压塔等材料（图8-15），基于设计美学，将其作为公园景观元素重新利用，延长回收材料的生命周期，在建设过程中一共可减少碳排放约103t。同时，利用太阳能灯具，在景观构架、建筑屋面上安装太阳能光伏板，年总发电量约为11.19kWh，减少碳排放约29.8t。利用山谷特有的风廊道特质，设置利用风力发电的风车，作为水体提升的动力来源，节约能源消耗，减少碳排放。

图8-15　回收材料建造特色景观

8.4　新加坡翠鸟湿地

8.4.1　项目基本信息

项目位置：新加坡滨海湾公园
项目建设面积：$1.5hm^2$
项目建成时间：2021年

8.4.2　项目建设背景

自2005年起，新加坡从“花园城市”向“花园里的城市”转型，旨在通过生态项目提升城市宜居性，同时展示自然与城市共生的可能性。滨海湾公园作为该战略的核心部分，承担着打造国际化生态地标的责任。翠鸟湿地位于新加坡滨海湾公园内，毗邻滨海湾沙坝和莲花池，占地15 000m^2，与翠鸟湖、莲花池等水体相连。项目建设前，该区域为自然湿地，但长期被忽视且缺乏系统管理。随着城市化加剧，政府希望通过人工干预恢复红树林生态系统，为濒危物种（如海桑、海莲等本土红树林树种）提供栖息地，同时充分发挥湿地的蓝碳效益和气候变化应对能力。

翠鸟湿地以打造城市空间融合自然栖息地、促进生物多样性、为城市居民提供宁静游憩地为功能定位，设置人造瀑布、湖泊和溪流，为多种动植物的生存与繁衍提供了丰富的微生境，为充分发挥湿地的蓝碳效益和气候变化应对能力，翠鸟湿地以近自然的方式在湿地的滨海地带种植大面积红树林树种和红树林伴生植物（图8-16、图8-17），构建稳定可持续的红树林生态系统及海岸生物栖息地。

图8-16　红树林生长潮间带

图8-17　红树植物根系

8.4.3 低碳设计策略

（1）乡土植物应用

与热带雨林等陆地森林系统相比，红树林系统的土碳储能力要高出近4倍。契合新加坡应对气候变化的长期规划，项目建设前期对当地红树林自然生态系统进行实地调研，并借助栽培试验筛选红树林树种，以近自然的方式在湿地的滨海地带种植200余种红树林树种和红树林伴生植物，包括易危和濒危物种，如水椰（*Nypa fruticans*）、海桑（*Sonneratia caseolaris*）（图8-18）、海莲（*Bruguiera sexangula*）等。营建红树林湿地蓝碳核心区。

图8-18 翠鸟湿地的濒危红树植物海桑（*Sonneratia caseolaris*）
（来源：https://www.gardensbythebay.com.sg）

（2）碳汇效能长期监测

翠鸟湿地建成后，科研机构及公众科学项目成员对红树林的蓝碳效能进行了长期监测，如测量地表沉积物中由自养和异养活动产生的二氧化碳含量，基于异速生长方程评估常见红树林树种的碳储量，以及测量叶片凋落物中的有机碳含量等。由于潮汐、洋流和淹没频率等环境变化较小，翠鸟湿地人工红树林底泥中的单位面积碳含量整体高于自然蓝碳系统，且碳储量随植物生长而增加。

（3）营建丰富栖息生境，促进生物多样性

翠鸟湿地通过打造人工瀑布、溪流连接翠鸟湖与莲花池，改善园区内水体循环和通风，营建多元栖息生境，保护提升生物多样性，超过130种鸟类（占新加坡鸟类种类的1/3）、水獭、马来西亚巨蜥等在此栖息。

（4）打造公民自然教育基地

翠鸟湿地依托园区建设公众科学项目社区参与平台，通过公开讲座、红树林栽植及生态监测活动，帮助参与者了解了红树林生态价值和基于自然解决方案的重要性，成为服务学校和社区家庭的自然教育基地（图8-19）。

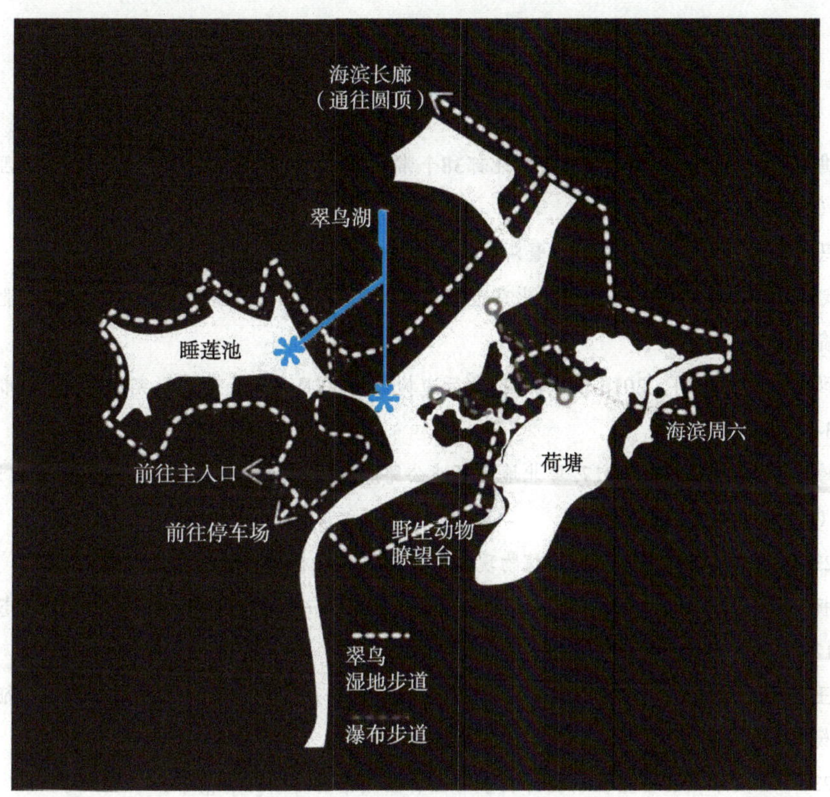

图8-19　新加坡翠鸟湿地平面图

[来源：新加坡滨海湾公园官方网站（gardensbythebay.com.sg）]

参考文献

白保勋，焦书道，陈东海，2017. 河南中北部38个常见树种的生物量与固碳特征分析[J]. 西部林业科学，46（1）：79-84.

包志毅，马婕婷，2011. 试论低碳植物景观设计和营造[J]. 中国园林，27（1）：7-10.

北京市规划和自然资源委员会，2017. 北京市城市总体规划（2016—2035年）[Z]. 北京：北京市规划和自然资源委员会.

曹冰冰，邱尔发，陈明明，2016. 北京市23种行道树遮阴及UVB屏蔽效果研究[J]. 中国城市林业，14（1）：13-17.

曹进，贾珍珍，杨艳刚，等，2017. 粤北地区高速公路服务区绿化树种筛选与固碳释氧效应评价[J]. 交通世界（Z1）：218-219+221.

柴晋，2023. 沈阳市公园绿地自生草本植物现状及园林应用分析[D]. 沈阳：沈阳农业大学.

柴一新，祝宁，韩焕金，2002. 城市绿化树种的滞尘效应——以哈尔滨市为例[J]. 应用生态学报，13（9）：1121-1126.

陈炳榕，王飓风，黄培璐，等，2024. 城市自生草本植物群落物种组成及其生物多样性特征研究——以陕西杨凌城区为例[J]. 园林，41（6）：106-114.

陈程，2023. 广西大学校园自生植物资源调查与园林应用潜力评价[D]. 南宁：广西大学.

陈丽文，尹娟，2016. 十一种园林植物增湿降温效应研究[J]. 北方园艺（20）：67-70.

陈少鹏，庄倩倩，郭太君，等,2012. 长春市园林树木固碳释氧与增湿降温效应研究[J]. 湖北农业科学，51（4）：750-756.

陈婷婷，鲍戈平，2016. 天河区主要道路行道树结构特征与碳储量研究[J]. 安徽农业科学，44（31）：172-175.

陈炎，2017. 美国费城“绿色基础设施”规划对我国海绵城市建设的启示[J]. 城市建筑（21）：34-36.

陈月华，廖建华，覃事妮，2012. 长沙地区19种园林植物光合特性及固碳释氧测定[J]. 中南林业科技大学学报，32（10）：116-120.

陈自新，苏雪痕，刘少宗，等，1998. 北京城市园林绿化生态效益的研究（3）[J]. 中国园林，14（3）：53-56.

程然然，关晋宏，张建国，等，2017. 甘肃省5种典型人工林生态系统固碳现状与潜力[J].应用生态学报，28（4）：1112-1120.

褚泓阳，弓弼，1995. 园林树木杀菌作用的研究[J]. 西北林学院学报，10（4）：4.

代色平，熊咏梅，2013. 广州市8种常用园林植物生态特性比较[J]. 福建林业科技，40（1）：59-62.

代巍，2009. G101北京段公路绿化的温湿度调节及固碳释氧研究[D]. 北京：北京林业大学.

邓万军，吴建明，李军，等，2022. 赣南地区公路固碳释氧生态林带探究与设计[J]. 中国公路（13）：98-100.

邓永成，史红文，李苗，等，2020. 武汉主城区常见行道树降温增湿效应研究[J]. 黑龙江农业科学（10）：86-89.

丁正亮，胡小刚，2014. 合肥市主要绿化树种碳固定量分析[J]. 安徽农学通报，20（7）：105-107.

董恒宇，云锦凤，王国钟，2012. 碳汇概要[M]. 北京：科学出版社.

董延梅，2014. 杭州花港观鱼公园57种园林树木固碳效益测算及应用研究[D]. 杭州：浙江农林大学.

董延梅，章银柯，郭超，等，2013. 杭州西湖风景名胜区10种园林树种固碳释氧效益研究[J]. 西北林学院学报，28（4）：209-212.

樊登星，余新晓，岳永杰，等，2008. 北京市森林碳储量及其动态变化[J]. 北京林业大学学报，30（S2）：117-120.

范春楠，韩士杰，郭忠玲，等，2016. 吉林省森林植被固碳现状与速率[J]. 植物生态学报，40（4）：341-353.

范秋云，云英英，梁伟红，等，2024. 海口市城市公园自生植物多样性研究[J]. 热带作物学报，45（4）：734-741.

范舒欣，晏海，齐石茗月，等，2015. 北京市26种落叶阔叶绿化树种的滞尘能力[J]. 植物生态学报，39（7）：736-745.

方精云，陈安平，赵淑清，等，2002. 中国森林生物量的估算：对Fang等Science一文（Science，2001，291：2320~2322）的若干说明[J]. 植物生态学报（2）：243-249.

方精云，刘国华，徐嵩龄，1996. 我国森林植被的生物量和净生产量[J]. 生态学报（5）：497-508.

冯程程，姜永雷，唐探，等，2015. 昆明市十五种绿化树种降温增湿效应研究[J]. 北方园艺（13）：76-80.

冯华，丁怡婷，寇江，2023. 持续推进城市园林绿化工作[N]. 人民日报，2023-11-03（018）.

高凯，秦俊，王丽勉，等，2007. 上海市不同植物蒸腾的降温增湿效益研究[C]. //2007年中国园艺学会观赏园艺专业委员会年会论文汇编：575-578. 北京：中国林业出版社.

高述超，2010. 长沙城市森林生态系统养分循环与碳平衡研究[D]. 长沙：中南林业科技大学.

葛倖池，2023. 黄土高原典型人工植被水源涵养功能研究[D]. 杨凌：西北农林科技大学.

弓素梅，2019. 郑州市常见园林植物净碳汇及其经济价值[J]. 河南林业科技，39（3）：21-25.

管东生，陈玉娟，黄芬芳，1998. 广州城市绿地系统碳的贮存、分布及其在碳氧平衡中的作用[J]. 中国环境科学（5）：53-57.

郭晖，周慧，张家洋，2017. 郑州市15种常见园林树种固碳释氧能力分析研究[J]. 西北林学院学报，32（4）：52-56.

郭婷婷，2023. 碳中和视角下公园绿地植物群落优化[D]. 杭州：浙江农林大学.

郭杨，2016. 哈尔滨居住小区绿地植物生态效益及优化配置研究[D]. 哈尔滨：东北林业大学.

郭杨，刘杨，杨维菊，2022. 基于GGE双标图的公园绿地树种生态效益研究[J]. 北方园艺（13）：86-95.

韩焕金，2005. 城市绿化植物的固碳释氧效应[J]. 东北林业大学学报，33（5）：68-70.

郝鑫杰，李素英，王继伟，等，2017. 呼和浩特市13种绿化植物固碳释氧效率的比较研究[J]. 西北植物学报，37（6）：1196-1204.

何冰，2015. 低碳园林的设计与施工要点分析[J]. 山西建筑，41（25）：200-201.

和晓彤，2021. 面向总体规划阶段的城市绿地碳汇量估算方法研究[D]. 西安：西安建筑科技大学.

贺红早，贺瑞坤，段旭，等，2007. 贵阳二环林带主要造林树种碳汇研究[J]. 安徽农业科学（32）：10270-10271，10293.

贺立静，周述波，贺立红，等，2016. 不同行道树降温增湿及滞尘效应[J]. 北方园艺（23）：83-85.
胡耀升，么旭阳，刘艳红，2014. 北京市几种绿化树种的光合特性及生态效益比较[J]. 西北农林科技大学学报（自然科学版），42（10）：119-125.
黄秋燕，杨建欣，孔曦妍，等，2023. 华南地区高校校园行道树的树种选择[J]. 寒旱农业科学，2（7）：679-682.
纪宝林，罗应华，2024. 南宁市主城区公园绿地自生植物调查与多样性分析[J/OL]. 热带农业科学，1-9.
季波，何建龙，李娜，等，2015. 宁夏贺兰山主要森林树种的含碳率分析[J]. 水土保持通报，35（2）：332-335.
蒋华伟，罗红雨，李欣，等，2014. 苏州主要园林树种的光合固碳能力对比分析[J]. 江苏林业科技，41（6）：7-11.
蒋慧茜，2023. 武汉市中心城区自生植物的分布及其影响因素[D]. 武汉：华中农业大学.
蒋丽伟，方健梅，韩杰，等，2024. 北京市常用绿化树种持水能力研究[J]. 西华师范大学学报（自然科学）45（5）：475-480.
康红梅，宋卓琴，段九菊，等，2018. 太原市常见园林植物秋季固碳释氧、降温增湿能力研究[J]. 山西农业科学，46（6），992-997.
赖广梅，2010. 大岭山城市森林公园在东莞低碳城市建设中的碳汇能力[J]. 林业资源管理（3）：34-38.
李海燕，高玉慧，罗春雨，等，2018. 基于固碳效应的绿地优化配置研究——以黑龙江省哈尔滨市为例[J]. 安徽农业科学，46（1）：74-77，104.
李宏，2011. 干旱区高效固碳树种筛选、育苗造林与固碳量测算技术研究[Z]. 新疆维吾尔自治区，新疆林业科学院，2011-7-18.
李江波，翟志宏，李海燕，等，2024. 广州地区典型绿化乔木降温增湿效应研究[J]. 气候与环境研究，29（1）：13-24.
李金全，王晶，曾文静，等，2011. 城市不同绿地类型土壤有机碳的垂直分布特征及储量[J]. 安徽农业科学，39（21）：12787-12788，12802.
李磊，2021. 绿化废弃物堆肥技术优化与堆肥应用效果研究[D]. 北京：北京林业大学.
李丽丽，2021. 林芝市八一镇常见园林植物光响应特性及景观评价研究[D]. 拉萨：西藏大学.
李娜，李清顺，李宏韬，2021. 祁连山国家公园青海片区森林植被碳储量与碳汇价值研究[J]. 浙江林业科技，41（2）：41-46.
李平，王冬梅，丁聪，等，2020. 黄土高寒区典型植被类型土壤入渗特征及其影响因素[J]. 生态学报，40（5）：1610-1620.
李蕊，姚鳗卿，李屹楠，等，2023. 我国高碳汇植物研究现状[J]. 山东林业科技，53（3）：104-110，119.
李响，2014. 沈阳市常见园林植物降温增湿能力分析[J]. 农业与技术，34（10）：164.
李想，李海梅，马颖，等，2008. 居住区绿化树种固碳释氧和降温增湿效应研究[J]. 北方园艺（8）：99-102.
李晓鹏，董丽，2020. 北京不同公园自生植物物种组成特征及群落类型[J]. 风景园林，27（4）：42-49.

李晓鹏，董丽，关军洪，等，2018. 北京城市公园环境下自生植物物种组成及多样性时空特征[J]. 生态学报，38（2）：581-594.

李晓鹏，冯黎，黄瑞，等，2023. 成都城区河流廊道自生植物的物种组成及其响应不同生境的多度格局[J].中国园林，39（8）：108-114.

李欣，蒋华伟，李静会，等，2014. 苏州地区10种常见园林树木光合特性研究[J]. 江苏林业科技，41（1）：20-23.

李薪，2020. 天津市常见观赏树种光合特性及生态功能研究[D]. 天津：天津农学院.

李永杰，王浮霞，陆贵巧，等，2007. 北京市不同环境功能区绿化树种选择与配置的探讨[J]. 河北林果研究，22（1）：93-95.

李振基，陈圣宾，2011. 群落生态学[M]. 北京：气象出版社.

联合国，2022. 可持续发展目标报告2022[R/OL]. https://www.un.org/zh/desa/sdg-report-2022.

联合国气候变化框架公约政府间谈判委员会，1994. 联合国气候变化框架公约[R/OL]. https://unfccc.int/sites/default/files/convchin.pdf.

联合国人居署，2022. 2022世界城市状况报告[R/OL]. https://unhabitat.org/wcr/

廖伟彪，施雪良，郁继华，等，2010. 12种花灌木抑菌和降温增湿效益的研究[C]//张启翔. 2010年全国观赏园艺学术年会论文集. 中国林业出版社：582-585.

林尚荣，李静，柳钦火，2018. 陆地总初级生产力遥感估算精度分析[J]. 遥感学报，22（2）：234-252.

林玮，白青松，陈雪梅，等，2020. 华南主要造林树种碳汇能力评价体系构建及优良碳汇树种筛选[J]. 西南林业大学学报（自然科学），40（1）：28–37.

林雯，李聪颖，周平，2019. 广州城市森林六种典型林分碳积累研究[J]. 生态科学，38（6）：74-80.

林欣，林晨菲，刘素青，等，2014. 18种常见灌木绿化树种光合特性及固碳释氧能力分析[J]. 热带农业科学，34（12）：30-34.

刘大卫，殷鸣放，杨森，等，2008. 辽宁东部山区森林固碳释氧量计量分析[J]. 林业科技开发（5）：31-34.

刘嘉君，王志刚，阎爱华，等，2011. 12种彩叶树种光合特性及固碳释氧功能[J]. 东北林业大学学报，39（9）：23-25，30.

刘江楠，2023. 关中地区自生地被与人工草坪季节景观特征变化与偏好研究[D]. 杨凌：西北农林科技大学.

刘倩，丁彦芬，宋杉杉，等，2024. 南京明城墙绿带草本层自生植物群落数量分类与排序分析[J]. 草业学报，33（5）：1-15.

刘瑞悦，王雨桐，韩星，等，2023. 低成本管养下的南京城市公园自生植物优选体系研究[J]. 园林，40（7）：119-125.

刘维东，陈其兵，王甲，2012. 成都市二十五种屋顶绿化木本植物的降温增湿能力研究[J]. 北方园艺，（9）：75-77.

刘为华，2009. 上海城市绿地土壤碳储量格局与理化性质研究[D]. 上海：华东师范大学.

刘霞，刘杰，2013. 克拉玛依市居住区15种主要园林树木生理生态特性与生态效益研究[J]. 安徽农业科学，41（21）：8954-8956.

刘雪莲，何云玲，张淑洁，等，2016. 昆明市常见绿化植物冬季固碳释氧能力研究[J]. 生态环境学报，25（8）：1327-1335.

龙圣勇，申家成，赵红，等，2022. 高速公路路域植被固碳量分析研究[J]. 黑龙江交通科技，45（3）：149-152，157.

卢树昌，2021. 土壤肥料学[M]. 北京：中国农业出版社.

陆贵巧，尹兆芳，谷建才，等，2006. 大连市主要行道绿化树种固碳释氧功能研究[J]. 河北农业大学学报（6）：49-51.

罗玉兰，张冬梅，张浪，等，2022. 基于“双碳”目标的城市绿化树种筛选及配置研究——以上海世博公园为例[J]. 园林，39（1）：25-32.

罗云建，张小全，王效科，等，2009. 森林生物量的估算方法及其研究进展[J]. 林业科学，45（8）：129-134.

马陆航，2023. 居住区绿地固碳植物配置模式及设计优化研究[D]. 西安：西安建筑科技大学.

马志良，赵文强，2020. 植物群落向土壤有机碳输入及其对气候变暖的响应研究进展[J]. 生态学杂志，39（1）：270-281.

孟兆祯，2012. 风景园林工程[M]. 北京：中国林业出版社.

莫丹，管东生，刘淑雯，等，2011. 广州城区生态安全岛森林生物量、叶片滞尘和物种多样性研究[J]. 环境科学学报，31（3）：666-672.

莫健彬，王丽勉，秦俊，等，2007. 上海地区常见园林植物蒸腾降温增湿能力的研究[J]. 安徽农业科学，35（30）：9506-9507，9510.

潘妮，闵钰婷，赵娟娟，等，2024. 城市建成区自生草本植物群落的物种多样性与功能多样性——以深圳市为例[J]. 生态学报，44（9）：3759-3774.

庞维华，孙雅婕，刘建军，2022. 不同类型园林植物群落冠层的截留能力研究[J]. 水土保持通报，42（4）：49-55.

齐佳乐，2023. 基于碳汇量化的西安建筑科技大学校园景观优化设计研究[D]. 西安：西安建筑科技大学.

乔小菊，2018. 南京城区园林绿化中常见阔叶乔木树种的光合特性及相关生态功能的研究[D]. 南京：南京农业大学.

邱园，冯志坚，翁殊斐，2022. 广州滨水绿地自生植物群落调查与园林应用潜力分析[J]. 广东园林，44（6）：18-22.

饶显龙，王丹，吴仁武，等，2014. 杭州西湖公园6种木兰科植物固碳释氧能力[J]. 福建林业科技，41（3）：1-5.

任斌斌，王幸大，张志国，2023. 圆明园荒野区春季自生植物群落数量分类与植物多样性特征[J]. 内蒙古农业大学学报（自然科学版），44（2）：27-33.

任启文，徐振华，党磊，等，2015. 城市道路防护绿地对空气微生物污染的屏障作用[J]. 生态环境学报，24（5）：6.

邵永昌，张金池，孙永涛，等，2015. 上海主要绿化树种夏季蒸腾特性与降温增湿功能比较[J]. 中国水土保持科学，13（6）：83-90.

申沛鑫，任术，梁新悦，等，2024. 哈尔滨城市河流廊道草本层自生植物多样性及分布特征[J]. 风景园林，31（6）：28-36.

史红文，秦泉，廖建雄，等，2011. 武汉市10 种优势园林植物固碳释氧能力研究[J]. 中南林业科技大学学报，31（9）：87-90.

宋丽华，窦艳玲，2011. 银川市几种绿化树种抗寒性比较[J]. 中国城市林业，9（6）：20-22.

宋卓琴，康红梅，牛艳，等，2018. 太原市主要园林植物春季固碳释氧和降温增湿效应[J]. 山西农业科学，46（10）：1685-1690+1729.

孙海燕，祝宁，2008. 哈尔滨市绿化树种生态功能研究（1）[J]. 中国城市林业，6（5）：54-57.

孙雨欣，2023. 基于固碳能力的热带滨海公园植物群落配置研究[D]. 海口：海南大学.

谭霖，2022. 成都市综合公园植物群落特征及碳汇效益研究[D]. 成都：四川农业大学.

汤红丽，2021. 高校校园绿地植物碳收支量化及优化研究[D]. 天津：天津大学.

汤煜，石铁矛，卜英杰，等，2019. 城市化进程中沈阳城市绿地土壤有机碳储量空间分布研究[J]. 中国园林，35（12）：68-73

陶晓，2010. 合肥市行道树结构及功能研究[D]. 合肥：安徽农业大学.

田常炜，2023. 荆州主城区自生草本植物资源调查及其园林利用价值评价[D]. 荆州：长江大学.

田青，2021. 兰州城市公共绿地高功效植物选择及配置关键技术研究[Z]. 甘肃农业大学，2021-07-16.

佟潇，李雪，2010. 沈阳市5种绿化树种固碳释氧与降温增湿效应研究[J]. 辽宁林业科技（3）：14-16.

汪成忠，卓丽环，张依，等，2009. 4种纯林空气负离子浓度研究[J]. 中国园艺文摘，25（5）：22-25.

王冰玉，2023. 杭州江洋畈生态公园自生植物更新动态及其应用潜力研究[D]. 杭州：浙江农林大学.

王兵，张维康，牛香，等，2015. 北京10个常绿树种颗粒物吸附能力研究[J]. 环境科学（2）：408-414.

王迪生，2010a. 基于生物量计测的北京城区园林绿地净碳储量研究[D]. 北京：北京林业大学.

王迪生，2010b. 北京城区园林植物生物量的计测研究[C]//北京园林学会等. 2009北京生态园林城市建设. 北京：中国林业出版社：238-243.

王海燕，2011. 呼和浩特市10种主要园林树木生理生态特性与生态效益研究[D]. 呼和浩特：内蒙古农业大学.

王晶懋，范李一璇，韩都，等，2023. “双碳”目标下的西安地区绿地植物碳汇矩阵量化与配置模式研究[J]. 中国园林，39（2）：108-113.

王阔，2014. 北京城市化环境下自生草本植物现状及园林应用研究[D]. 北京：北京林业大学.

王立，2013. 重庆主城区常见园林树种及群落的碳汇能力研究[D]. 重庆：西南大学.

王丽勉，胡永红，秦俊，等，2007. 上海地区151种绿化植物固碳释氧能力的研究[J]. 华中农业大学学报，26(3)：399-401.

王清奎，2011. 碳输入方式对森林土壤碳库和碳循环的影响研究进展[J]. 应用生态学报，22(4)：1075-1081.

王秋艳，王利芬，肖湘东，等，2023. 苏州市夏季园林植物光合特性及固碳释氧、降温增湿效益研究[J]. 福建农业学报，38（11）：1302-1311.

王瑞静，赵敏，高峻，2011. 城市森林主要植被类型碳储量研究——以崇明岛为例[J]. 地理科学，31（4）：490-494.

王伟，师庆东，许紫峻，等，2018. 新疆经济林碳汇价值评估[J]. 西北林学院学报，33（2）：283-288.

王小涵，张桂莲，张浪，等，2022. 城市绿地土壤固碳研究进展[J]. 园林，39（1）：18-24.

王晓杰，2011. 重庆主城区不同林地类型碳汇效益研究[D]. 重庆：西南大学.

王晓荣，胡兴宜，龚苗，等，2023. 长江中下游地区28个常见乡土树种幼苗光合固碳能力比较[J]. 湖北农业科学，62（1）：112-117.

王云霄，闫淑君，马雯雯，等，2021. 福州国家森林公园草坪自生植物调查分析[J]. 中国城市林业，19（6）：94-98.

王忠君，2010. 福州植物园绿量与固碳释氧效益研究[J]. 中国园林，26（12）：1-6.

韦泰，宋书巧，2017. 基于碳汇视角的南宁城市绿化树种研究[J]. 林业调查规划，42（1）：139-142.

魏敏，2011. 暖温带四种木本植物茎流规律及其对环境因子的响应研究[D]. 泰安：山东大学.

魏文俊，尤文忠，王睿照，等，2016. 辽宁省森林碳汇功能研究[J]. 内蒙古农业大学学报（自然科学版），37（5）：24-31.

温家石，葛滢，焦荔，等，2010. 城市土地利用是否会降低区域碳吸收能力？——台州市案例研究[J]. 植物生态学报，34（6）：651-660.

温家石，2010. 城市化对建成区植被碳吸收和碳储存的影响的研究[D]. 杭州：浙江大学.

吴菲，张志国，王广勇，2012. 北京54种常用园林植物降温增湿效应研究[C]//张启翔. 中国园艺学会观赏园艺专业委员会2012年学术年会论文集. 北京：中国林业出版社：661-670.

吴珊珊，2010. 合肥环城公园不同群落类型碳贮量特点[D]. 合肥：安徽农业大学.

谢军飞，李玉娥，李延明，等，2007. 北京城市园林树木碳贮量与固碳量研究[J]. 中国生态农业学报，（3）：5-7.

谢婉丽，王奇悦，王秋雪，等，2024. 闽江福州段自生草本植物生态位和种间联结研究[J/OL].热带亚热带植物学报.

新华社，2023. 特稿：南南合作的“中国样本”[OL]. https://www.gov.cn/yaowen/liebiao/202306/content_6888837.

邢震，2014. 西藏园林植物生态环境效益定量研究[M]. 北京：社会科学文献出版社.

肖珍珍，2024. 中国城市绿地保水降温能力综合评价和影响机制研究[D]. 广州：广州大学.

熊向艳，韩永伟，高馨婷，等，2014. 北京市城乡接合部17种常用绿化植物固碳释氧功能研究[J]. 环境工程技术学报，4（3）：248-255.

徐幼榕，张梦园，范舒欣，等，2023. 城市社区公园自生草本生态位及群落特征——以北京市西城区为例[J]. 安徽农业大学学报，50（5）：784-791.

许维强，2015. 城市建成区自生植物调查研究[D]. 杭州：浙江农林大学.

薛登高，2023. 典型季相下关中地区人工草坪与自生地被植物多样性调查及认知偏好对比研究[D]. 杨凌：西北农林科技大学.

薛海丽，唐海萍，李延明，等，2018. 北京常见绿化植物生态调节服务研究[J]. 北京师范大学学报（自然科学版），54（4）：517-524.

薛雪，张金池，孙永涛，等，2016. 上海常绿树种固碳释氧和降温增湿效益研究[J]. 南京林业大学学报（自然科学版），40（3）：81-86.

杨芳，2023. 合肥市高校绿地自生植被特征与公众感知影响因素研究[D]. 合肥：安徽农业大学.

杨建欣，黄秋燕，2023. 改善热舒适性的园林树木遮阴效果研究[J]. 林业科技，48（1）：37-43.

杨丽，2008. 呼市6种园林阔叶树种生理特性及生态功能的研究[D]. 呼和浩特：内蒙古农业大学.

杨莉娟，2016. 日照市主要彩叶树种综合评价研究[D]. 泰安：山东农业大学.

杨士弘，1994. 城市绿化树木的降温增湿效应研究[J]. 地理研究（4）：74-80.

杨雪岩，吴雪梅，王冰，等，2022. 基于综合服务功能评价的北方城市绿化树种筛选[J]. 西北林学院学报，37（5）：251-257.

姚侠妹，偶春，夏璐，等，2021. 安徽沿淮地区小城镇主要景观树种固碳释氧和降温增湿效益评估[J]. 生态学杂志，40（5）：1293-1304.

殷亦佳，陈启航，赵芮，等，2021. 北京市常见绿化树种蒸腾特性与温湿效益研究[J]. 西北林学院学报，36（1）：31-36，76.

应天玉，李明泽，范文义，2009. 哈尔滨城市森林碳储量的估算[J]. 东北林业大学学报，37（9）：33-35.

尤其，2023. 郑州市主城区自生草本植物组成与群落特征研究[D]. 郑州：河南农业大学.

于超群，齐海鹰，张广进，等，2016. 基于低碳理念的园林植物景观设计研究——以济南市城区典型绿地为例[J]. 山东林业科技，46（5）：10-15.

于佳，陈宏伟，闫红伟，2015. 沈阳市常用园林植物碳汇功能研究[J]. 中南林业科技大学学报，35（8）：94-97.

于宁，李海梅，2011. 青岛市居住区主要灌木树种生态效益综合评价[J]. 北方园艺（9）：80-83.

余春华，2023. 提高碳汇效益的城市绿地种植设计研究[D]. 南京：南京林业大学.

袁传武，张华，张家来，等，2010. 武汉市江夏区碳汇造林基线碳储量的计量[J]. 中南林业科技大学学报，30（2）：10-15.

曾宏达，杜紫贤，杨玉盛，等，2010. 城市沿江土地覆被变化对土壤有机碳和轻组有机碳的影响[J]. 应用生态学报，21（3）：701-706.

张博通，2021. 关中地区城市常见行道树生态效益定量分析研究[D]. 杨凌：西北农林科技大学.

张丹，2015. 城市化背景下城市森林结构与碳储量时空变化研究——以长春市为例[D]. 长春：中国科学院研究生院（东北地理与农业生态研究所）.

张东秋，石培礼，张宪洲. 2005. 土壤呼吸主要影响因素的研究进展[J]. 地球科学进展（7）：778-785.

张桂莲，邢璐琪，张浪，等，2022. 城市绿地碳汇计量监测方法研究进展[J]. 园林，39（1）：4-9，49.

张娇，施拥军，朱月清，等，2013. 浙北地区常见绿化树种光合固碳特征[J]. 生态学报，33（6）：1740-1750.

张丽丽，郝培尧，董丽，等，2024. 基于自生植物的城市公园草本层养护管理优化策略——以北京市西城区为例[J]. 风景园林，31（6）：46-54.

张梦园，李坤，邢小艺，等，2022. 北京温榆河—北运河生态廊道自生植物多样性对城市化的响应[J]. 生态学报，42（7）：2582-2592.

张娜，张巍，陈玮，等，2015. 大连市6种园林树种的光合固碳释氧特性[J]. 生态学杂志，34（10）：2742-2748.

张蓉蓉，2018. 南京城区常见小乔木与灌木阔叶园林树种光合特征及相关生态功能的研究[D]. 南京：南京农业大学.

张文杰，黄金权，许文盛，等，2023. 城市水土保持区划及水土流失防控策略——以深圳市为例[J]. 长江科学院院报，40（9）：55-60+67.

张晓光，2018. 天津地区园林植物品种应用的研究[D]. 天津：天津大学.

张艳丽，费世民，李智勇，等，2013. 成都市沙河主要绿化树种固碳释氧和降温增湿效益[J]. 生态学报，33（12）：3878-3887.

张宇，王沛永，2023. 基于移动激光雷达技术的城市公园碳储量研究——以北京世园公园为例[C]//中国城市规划学会.人民城市，规划赋能——2022中国城市规划年会论文集（08城市生态规划）.北京林业大学；2023：11.

赵牧秋，陈凯伦，史云峰，2013. 三亚市红树林碳储量与固碳能力分析[J]. 琼州学院学报，20（5）：85-88.

赵艳玲，2015. 上海社区绿地植物群落固碳效益分析及高固碳植物群落优化[D]. 上海：上海交通大学.

郑焯玲，廖舒茗，欧倩鹭，等，2021. 华南农业大学校园绿地自生植物研究[J]. 热带农业科学，41（2）：142-147.

郑鹏，史红文，邓红兵，等，2012. 武汉市65个园林树种的生态功能研究[J]. 植物科学学报，30（5）：468-475.

郑素兰，康红涛，连先发，2015. 漳州市13种园林植物光合及蒸腾特性[J]. 福建林业科技，42（4）：37-41.

中国工程院生物碳汇扩增战略研究课题组，2015. 生物碳汇扩增战略研究[M]. 北京：科学出版社.

中国气象局气候变化中心，2023.中国气候变化蓝皮书（2023）[R/OL]. https://book.sciencereading.cn/shop/book/Booksimple/show.do?id=B01482F98263EA2DFE063010B0A0AE1FF000.

中华人民共和国国务院新闻办公室，2021.《中国应对气候变化的政策与行动》白皮书[R/OL]. https://www.gov.cn/zhengce/2021-10/27/content_5646697.htm

周国逸，唐旭利，2009. 广州市森林碳汇分析[J]. 中国城市林业，7（1）：8-11.

周媛，石铁矛，2017. 基于数值模拟的城市绿地景观格局优化研究[J]. 环境科学与技术，40（11）：167-174.

朱燕青，2013. 常见灌木固碳释氧及降温增湿效应研究[D]. 长沙：中南林业科技大学.

祝月茹，李青青，祝遵凌，2023. 居住区树种碳汇效益测算及环境优化提升——以南京市丁家庄为例[J]. 中南林业科技大学学报，43（10）：129-139.

AKBARI H，KURN D M，BRETZ S E，et al.，1997. Peak power and Cooling energy savings of shade trees[J]. Energy and buildings，25（2）：139-148.

AKBARI H，TAHA H，1992. The impact of trees and white surfaces on residential heating and Cooling energy use in four Canadian cities[J]. Energy，17（2）：141-149.

AMERICAN FORESTS，2002. CITYgreen 5.0 User Manual[Z]. Washington DC：American Forests.

BAINES O，WILKES P，DISNEY M，2020. Quantifying urban forest structure with open-access remote sensing data sets[J]. Urban Forestry & Urban Greening，50：126653.

BENZ KOTZEN，2003. An investigation of shade under six different tree species of the Negev desert towards their potential use for enhancing micro-climatic conditions in landscape architectural development[J]. Journal of Arid Environments，55（2）：231-274.

BOSSY T，GASSER T，CIAIS P，2022. Pathfinder v1. 0.1：a Bayesian-inferred simple carbon–climate model to explore climate change scenarios[J]. Geoscientific Model Development，15（23）：8831-8868.

CASEY TREES AND DAVEY TREE EXPERTCO，2018. National Tree Benefit Calculator [EB/OL]；Casey Trees and Davey Tree Expert CO. Washington，DC，USA.

CHAPLOT V，COOPER M，2015. Soil aggregate stability to predict organic carbon outputs from soils[J]. Geoderma，243：205-213.

CHAROENKIT S，YIEMWATTANA S，2016. Living walls and their contribution to improved thermal comfort and carbon emission reduction：A review[J]. Building and environment，105：82-94.

CHEN L，LIU C，ZHANG L，et al.，2017. Variation in Tree Species Ability to Capture and Retain Airborne Fine Particulate Matter（PM2.5）[J]. Scientific Reports，7（1）：3206.

European Environment Agency（EEA），2012. Trees help tackle climate change[R/OL]. https://www.eea.europa.eu/articles/forests-health-and-climate-change/key-facts/trees-help-tackle-climate-change.

FANG J Y，GUO Z D，PIAO S L，et al.，2007. Terrestrial vegetation carbon sinks in China，1981–2000[J]. Science in China Series D：Earth Sciences，50（9）：1341-1350.

FANG J Y，WANG Z M，2001. Forest biomass estimation at regional and global levels，with special reference to China's forest biomass[J]. Ecological Research，16：587-592.

FARGIONE J，HILL J，TILMAN D，et al.，2008. Land Clearing and the Biofuel Carbon Debt[J]. Science，319（5867）：1235-1238.

HEIKKINEN J，KETOJA E，NUUTINEN V，et al.，2013. Declining Trend of Carbon in Finnish Cropland Soils in 1974—2009[J]. Global Change Biology（19）：1456-1469.

IPCC，2014. Fifth Assessment Report[R/OL]. https://www.ipcc.ch/assessment-report/ar5/.

JIN S，ZHANG E，GUO H，et al.，2023. Comprehensive evaluation of carbon sequestration potential of landscape tree species and its influencing factors analysis: Implications for urban green space management[J]. Carbon Balance and Management，18（1）：17.

JO H K，2002. Impacts of Urban Green Space on Offsetting Carbon Emissions from Middle Korea[J].Journal of Environmental Management（64）：115-126.

KING K L，JOHNSON S，KHEIRBEK I，et al.，2014. Differences in magnitude and spatial distribution of urban forest pollution deposition rates，air pollution emissions，and ambient neighborhood air quality in New York City[J]. Landscape and Urban Planning，128：14-22.

LIANG X，GUAN Q F，CLARKE K C，et al.，2021. Understanding the drivers of sustainable land expansion using a patch-generating land use simulation（PLUS）model：A case study in Wuhan，China[J]. computers，Environment and Urban Systems，85：101569.

LINDSAY M，2018. Economic risk analysis of the emerald ash borer on the Thunder Bay campus of Lakehead University[D]. Ontario：Lakehead University.

LISKI J，LENTONEN A，PALOSIO T，et al.，2006. Carbon Accumulation in Finland's Forests 1922-2004——An Estimate Obtained by Combination of Forest Inventory Data with Modelling of Biomass，Litter and Soil[J]. Annals of Forest Science，63：687-697.

LIU C，LI X，2012. Carbon storage and sequestration by urban forests in Shenyang，China[J]. Urban Forestry & Urban Greening，11（2）：121-128.

LIU J，CHEN J M，CIHLAR J，et al.，1997. A process-based boreal ecosystem productivity simulator using remote sensing inputs[J]. Remote sensing of environment，62（2）：158-175.

LIU J，CHEN J M，CIHLAR J，et al.，2002. Net primary productivity mapped for Canada at 1km resolution[J]. Global Ecology and Biogeography，11（2）：115-129.

NICHOL J E，1996. High-resolution surface temperature patterns related to urban morphology in a tropical city：A satellite-based study[J]. Journal of Applied Meteorology and Climatology，35（1）：135-146.

NOWAK D J，CRANE D E，2002. Carbon storage and sequestration by urban trees in the USA[J]. Environmental pollution，116（3）：381-389.

NOWAK D J，MACO S，BINKLEY M，2018. i-Tree：Global tools to assess tree benefits and risks to improve forest management[J]. ArboriculturalCOnsultant，51（4）：10-13.

POTTER C S，RANDERSON J T，FIELD C B，et al.，1993. Terrestrial ecosystem production：A process model based on global satellite and surface data[J]. Global biogeochemical cycles，7（4）：811-841.

PARTON W J，1996. The CENTURY model[M]. Evaluation of soil organic matter models：Using existing long-term datasets. Berlin，Heidelberg：Springer Berlin Heidelberg，283-291.

SCOTT K I，MCPHERSON E G，SIMPSON J R，1998. Air pollutant uptake by Sacrameto's urban forest[J]. Journal of Arboriculture，24（4）：224-234.

SHIMAMOTO Y C，BOTOSSO C P，MARQUES C M，2014. How much carbon is sequestered during the restoration of tropical forests? Estimates from tree species in the Brazilian Atlantic forest[J]. Forest Ecology and Management，3291-9.

TALLIS H T，RICKETTS T，GUERRY A D，et al.，InVEST 1.0 beta user's guide[EB/OL].（2025-7-1）[2011-1]. https://www.researchgate.net/publication/237682109_InVEST_10_Beta_User's_Guide_Integrated_Valuation_of_Ecosystem_Services_and_Tradeoffs.

TSIROS IX，2010. Assessment and energy implications of street air temperature cooling by shade tress in Athens（Greece）under extremely hot weather conditions[J]. Renewable Energy，35（8）：1866-1869.

VAILSHERY L S，JAGANMOHAN M，NAGENDRA H，2013. Effect of street trees on microclimate and air pollution in a tropical city[J]. Urban forestry & urban greening，12（3）：408-415.

WANG Y，CHANG Q，LI X，2021. Promoting sustainable carbon sequestration of plants in urban greenspace by planting design：A case study in parks of Beijing[J]. Urban Forestry & Urban Greening，64：127291.

WANG Y C，LIN J C，2012. Air quality enhancement zones in Taiwan: A carbon reduction benefit assessment[J]. Forest Policy and Economics，23，40-45.

WANG Y C，LIN M Y，KO S H，et al.，2013. Carbon Storage Benefit by Trees of Air Quality Purification Zones in Taiwan's Five Municipalities[J]. J. For. Sci.，28，159-169.

WANG Y C，LIU W Y，KO S H，et al.，2015. Tree species diversity and carbon storage in air quality enhancement zones in Taiwan[J]. Aerosol and Air Quality Research，15（4），1291-1299.

WANG Y C，2011. Carbon sequestration and foliar dust retention by woody plants in the greenbelts along two major Taiwan highways[J]. Annals of Applied Biology，159（2），244-251.

WHITE M A，THORNTON P E，RUNNING S W，et al.，2000. Parameterization and sensitivity analysis of the BIOME-BGC terrestrial ecosystem model：Net primary production controls[J]. Earth interactions，4（3）：1-85.

WU S，YAO X，QU Y，et al.，2023. Ecological Benefits and Plant Landscape Creation in Urban Parks：A Study of Nanhu Park，Hefei，China[J]. Sustainability，15（24），16553.

XING Y，BRIMBLECOMBE P，2020. Traffic-derived noise，air pollution and urban park design[J]. Journal of Urban Design，25（5）：609-625.

YAN H，WANG X，HAO P，et al.，2012. Study on the microclimatic characteristics and human comfort of park plant communities in summer[J]. Procedia Environmental Sciences，13：755-765.

YEN T M，HUANG K L，LI L E，et al.，2020. Assessing carbon sequestration in plantation forests of important conifers based on the system of permanent sample plots across Taiwan[J]. Journal of Sustainable Forestry，39（4），392-406.

ZHANG H，WANG L，2022. Species diversity and carbon sequestration oxygen release capacity of dominant communities in the Hancang river basin，China[J]. Sustainability，14（9），5405.

